《本書について》

　本書は、公益財団法人 安全衛生技術試験協会が実施している2級ボイラー技士試験対策のために、「図解によるテキスト（教本）」と「過去問4回＋解説」を1冊にまとめたものです。全5章で構成されています。

図解テキスト	第1章：構造に関する知識
	第2章：取扱いに関する知識
	第3章：燃料及び燃焼に関する知識
	第4章：関係する法令
問題集	第5章：過去問題集＆正解・解説

図解テキスト概要

◎ボイラーの構造や取扱い等に関し、できるだけ図や表を使用して解説しています。また、**過去問題を解くために必要最低限の内容に絞って収録しています。**すなわち、試験に合格することに特化した内容となっています。

　なお、第4章の関係する法令については、以下の法令の名称に対して略称を使用しています。

《法令の略称》

法令の名称	略称
ボイラー及び圧力容器安全規則（省令）	ボイラー則
ボイラー構造規格（省令）	

◎各項ごとに試験の重要箇所を過去10年間（平成26年4月～令和5年10月）から統計を取り、3段階（★なしを含まず）で★印を付けました。★3つが最も問題が出される箇所です。学習する際の効率化に活用してください。

重要度 ★★★　　重要度 ★★　　重要度 ★
80％以上　　　60％程度　　　40％以下

問題集概要

◎最新の令和5年10月までの過去4回分の〔　〕を実施している公益財団法人 安全衛生技〔　　　　　　　　〕問題をホームページ上で公表しています。

《収録問題》

公表年月	令和5年		令和4年	
	10月	4月	10月	4月
回数	1	2	3	4

◎4月に公表される問題は、前年7月～12月に実施した試験のうちの1回分です。
また、10月に公表される問題は、当年1月～6月に実施した試験のうちの1回分です。

【公表問題について】

公益財団法人 安全衛生技術試験協会 ＝試験実施機関

| 1月 | 2月 | 3月 | 4月 | 5月 | 6月 | 7月 | 8月 | 9月 | 10月 | 11月 | 12月 |

問題公表↓

| 1月 | 2月 | 3月 | 4月 | 5月 | 6月 | 7月 | 8月 | 9月 | 10月 | 11月 | 12月 |

問題公表

◎過去問題の左端に付けられている「☑」のマークは、理解度に応じて塗りつぶすなどして活用してください。

◎過去問題文の右端に付けられている［★］マークは過去の出題頻度（平成26年4月～令和5年10月から統計）を表しています。

（★★★＝80％以上　★★＝60％程度　★＝40％程度　なし＝20％以下）

◎問題集の解説は、その問題の選択肢がなぜ正しいのか、又は、なぜ誤っているのか、図解テキストをもとに解説しています。

◎試験の申し込み方法等については、次の試験機関でご確認ください。

《試験実施機関》

名称	公益財団法人 安全衛生技術試験協会
住所	〒101-0065 東京都千代田区西神田3-8-1　千代田ファーストビル東館9階
HPアドレス	https://www.exam.or.jp/

◇　　　　　　◇　　　　　　◇

◎公論出版ホームページ上にて、本書収録の過去問より以前の過去公表試験問題を公開しています。A4サイズで印刷することができますので、併せて学習にご活用ください。

URL⇒https://kouronpub.com/past_issues/boiler/boiler_index.html

◎本書購入者特典として、公論出版ホームページ上にて公開している過去公表問題の解説付き解答が閲覧できます。以下のパスワードを入力して、是非ご活用ください。

解説閲覧パスワード　　kouron

2023年12月　編集担当

■近年の公表（出題）傾向　凡例：★＝出題率80％以上、○＝出題率50％以上

第1章　構造に関する知識		R3/4	R3/10	R4/4	R4/10	R5/4	R5/10	出題
1．熱及び蒸気		問1		問1	問1		問1	○
2．ボイラーの伝熱と水循環	伝熱		問1					
	水循環	問3		問3		問1		○
3．ボイラーの概要		問2		問2	問9	問2		○
4．丸ボイラー			問2		問2			
5．水管ボイラー	概要					問3		
	自然循環式水管ボイラー							
	強制循環式水管ボイラー、貫流ボイラー				問3		問2	
6．鋳鉄製ボイラー		問5	問6	問5		問4	問3	★
7．ボイラー各部の構造と強さ		問4	問4	問4	問7	問5	問4	★
8．附属品（計測器）		問6	問3	問6	問8	問6	問5、8	★
9．附属装置（安全装置）								
10．附属装置（送気系統装置）			問5		問6			
11．附属装置（給水系統装置）		問8		問8		問8		○
12．附属品（吹出し装置）			問7					
13．附属設備（温水ボイラー&暖房用ボイラー）		問10		問10	問4		問6	○
14．附属設備（エコノマイザ&空気予熱器）		問9	問8	問9		問7	問7	★
15．ボイラーの自動制御					問7			
16．ボイラーの自動制御（制御の方法）		問7	問9			問10	問9	○
17．ボイラーの自動制御（圧力制御）						問9		
18．ボイラーの自動制御（温度制御）								
19．ボイラーの自動制御（水位制御）			問10		問10			
20．ボイラーの自動制御（燃焼安全装置）					問5		問10	
第2章　取扱いに関する知識		R3/4	R3/10	R4/4	R4/10	R5/4	R5/10	出題
1．運転操作（点火前と点火時）		問20	問11	問20	問11、14	問17	問11、12	★
2．運転操作（圧力上昇時の取扱い）			問17			問12		
3．運転操作（運転中の取扱い）		問12		問12	問19	問18		○
4．運転操作（水位異常対策）		問16		問16		問16	問13	○
5．運転操作（キャリオーバ対策）		問15	問20	問15			問14	○
6．運転操作（その他の異常対策）	二次燃焼、バックファイヤ（逆火）		問14					
	炭化物（カーボン）の付着、その他							
7．運転操作（運転終了時）					問20	問13	問18	○
8．附属品（水面測定装置）			問18			問20		
9．附属品（水面計の機能試験の操作手順）								
10．附属品（安全弁、逃がし弁）		問19		問19	問13	問11	問17	★
11．附属品（間欠吹出し装置）		問14		問14	問16	問15		○
12．附属品（給水装置）		問11	問15	問11			問16	○
13．附属品（自動制御装置）					問12		問15	
14．ボイラーの保全	ボイラーの運転停止の順序、酸洗浄	問17	問13	問17				○
	3．ボイラー休止中の保存方法							

		R3/4	R3/10	R4/4	R4/10	R5/4	R5/10	出題
15．水管理（不純物等）			問12、19		問15、17、18		問19	○
16．水管理（補給水処理）		問18		問18		問19		○
17．水管理（清缶剤）		問13	問16	問13		問14	問20	★
第3章　燃料及び燃焼に関する知識		R3/4	R3/10	R4/4	R4/10	R5/4	R5/10	出題
1．燃料概論	燃料の分析、着火温度	問26	問23、28	問26		問21		★
	引火点、発熱量	問21		問21		問22	問21	★
2．重油の性質（1）		問24		問24		問23		○
3．重油の性質（2）			問22		問26		問22	○
4．気体燃料			問27			問26	問23	○
5．固体燃料					問23			
6．燃焼の要件		問23		問23		問30	問25	★
7．重油燃焼の特徴		問25		問25	問21			○
8．重油の加熱					問22	問24		
9．重油ボイラーの低温腐食		問27		問27		問27		○
10．液体燃料の供給装置			問21			問24		
11．重油バーナ		問22	問25	問22	問25	問25	問26	★
12．気体燃料の燃焼方式			問24					
13．気体燃料の燃焼の特徴					問24		問27	
14．ガスバーナ		問28		問28	問28	問28		○
15．固体燃料の燃焼方式								
16．大気汚染物質					問29		問28	
17．NOx の抑制			問26					
18．燃焼室					問30			
19．一次空気と二次空気		問29	問29	問29	問27		問29	★
20．通風		問30	問30	問30		問29	問30	★
第4章　関係する法令		R3/4	R3/10	R4/4	R4/10	R5/4	R5/10	出題
1．ボイラーの伝熱面積		問34		問34	問34	問33		○
2．各種検査	製造に係る検査、設置届、落成検査、検査証	問31	問31	問31		問35	問31、36、37	★
	性能検査、使用検査、使用再開検査		問33					
3．変更の手続き			問37		問37	問37、39	問38	★
4．ボイラー室の基準		問33、39	問40	問33、39	問38	問31	問32、35	★
5．取扱作業主任者の選任		問35	問38	問35	問35	問37		★
6．取扱作業主任者の職務			問37		問36		問33	○
7．附属品の管理		問40	問35	問40	問32	問36	問34	★
8．ボイラーの定期自主検査等	定期自主検査		問39		問33	問32		○
	内部に入るときの措置							
9．安全弁の構造規格		問38	問32	問38		問39	問38	★
10．圧力計等の構造規格		問36	問36	問36	問31	問34		★
11．給水装置の構造規格						問40	問40	
12．鋳鉄製ボイラーの構造規格		問32	問34	問32	問40		問39	★

目　次

第2章　取扱いに関する知識

第3章　燃料及び燃焼に関する知識

第4章　関係する法令

第5章　過去問題集＆正解・解説

第1章 構造に関する知識

1 熱及び蒸気

重要度 ★★

🔥 基礎事項

1 温度

◎温度とは、熱さ、冷たさの度合いを表すものであり、温度計によって測定される。温度単位である**セルシウス（摂氏）温度**［℃］は、**標準大気圧の下で、水の氷点を0℃、沸点を100℃と定め、この間を 100 等分したものを1℃としたものである。**

◎学問上考えられる最低の温度は－273℃である。この最低温度を0度とし、セルシウス温度の目盛りと等しい割合で表した温度を**絶対温度**［K］という。

◎セルシウス（摂氏）温度 t［℃］と絶対温度 T［K］との間には $T = t + 273$ の関係がある。

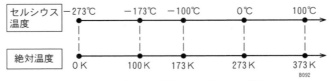

| セルシウス温度 | －273℃ | －173℃ | －100℃ | 0℃ | 100℃ |
| 絶対温度 | 0 K | 100 K | 173 K | 273 K | 373 K |

B092

【セルシウス温度と絶対温度の関係】

2 圧力

◎単位面積上に作用する力を圧力といい、大気の圧力を表す単位には、hPa（ヘクトパスカル）が用いられる。

◎ 760mm の高さの水銀柱がその底面に及ぼす圧力を**標準大気圧**［1 atm］といい、**1013hPa** に相当する。

1 気圧＝ 760mmHg ＝ 1013hPa ≒ 0.1MPa

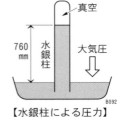

【水銀柱による圧力】

［解説］h（ヘクト）と M（メガ）…いずれも接頭語で、h は 100 倍、M は 100 万倍を表す。
1000hPa ＝ 100000Pa ＝ 0.1MPa。

◎圧力計で圧力を測定する際、大気圧がかかっている状態をゼロ表示とし、大気圧との差が圧力計に表れる。その圧力を**ゲージ圧力**という。

ゲージ圧力 ＝ 絶対圧力 － 大気圧（0.1MPa）

◎測定した値（ゲージ圧力）に大気圧（0.1MPa）を加えたものを**絶対圧力**という。

絶対圧力 ＝ ゲージ圧力 ＋ 大気圧（0.1MPa）

◎例えば、ゲージ圧力で 0.5MPa は絶対圧力で 0.6MPa を表す。また絶対圧力で 0 MPa は、真空（絶対真空）を表す。

◎蒸気の重要な諸性質を表示した蒸気表中の圧力は、一般的に**絶対圧力**で示される。

◎ボイラーの圧力を測定する圧力計は、構造が簡単で、小型軽量で広い圧力範囲をカバーし、安価なブルドン管式圧力計が多く用いられている。（詳細は「第1章 ⑧ 附属品（計測器）1.圧力計」を参照。）大気圧との差圧によりブルドン管が作動するようになっており、大気圧（0.1MPa）ではゼロ表示となる。

【圧力計の表示例と圧力値】

3 比体積

◎蒸気の体積を表すのに、質量1kgの蒸気が占める体積 [m³] を用い、これを**比体積** [m³/kg] という。比体積は、その圧力、温度に応じて定まる。

◎蒸気の全体積を求めるには、蒸気の質量 [kg] にその蒸気に応じた比体積を乗じればよい。

4 熱

◎質量1kgの物体の温度を1K（1℃）高めるのに要する熱量をその物体の**比熱**という。

◎標準大気圧の下で、質量1kgの水の温度を1Kだけ高めるのに必要な熱量は4.187kJであるため、水の比熱は**4.187kJ/（kg・K）（約4.2kJ/（kg・K））**である。

　　1kgの水＋約4.2kJ ⇒ 1K上昇

◎水に熱を加えると温度が上昇するように、加えた熱が物体の温度上昇に反映される熱を**顕熱**という。

◎一方、加えた熱が蒸発のためだけに使われ、温度の上昇にはあずからない熱を**潜熱**という。

◎液体の蒸発のために使われる熱（潜熱）を**蒸発熱**（気化熱）ともいう。標準大気圧のもとにおける**水の蒸発熱**は、水の質量1kgについて**約2257kJ**である。

5 蒸気の性質

◎水を容器に入れて一定圧力のもとで熱すると、次第に水の温度が上がる。その圧力に応じた一定温度に達すると、温度上昇が止まり沸騰が始まる。この温度をその圧力における**飽和温度**という。また、その時の圧力をその温度に対する**飽和圧力**という。

◎標準大気圧のときの水の飽和温度は100℃で、圧力が高くなるに従って**飽和温度は高くなる**。2気圧の状態になると、水の飽和温度は**約120℃**となる。

◎水が飽和温度に達し、沸騰を開始してから**全部の水が蒸気になるまでは、加えられた熱が蒸発に費やされるため水の温度は一定**である。飽和温度の水を**飽和水**、飽和温度における蒸気を**飽和蒸気**という。

◎**蒸発熱（潜熱）**は、圧力が高くなるほど**小さくなり**、ある圧力に達すると**0**になる。この点を臨界点といい、その圧力を**臨界圧力**、その温度を**臨界温度**という。

◎**臨界点**※では、その物質の液体と気体の区別ができなくなり、液体⇄気体と連続的に変化するようになる。

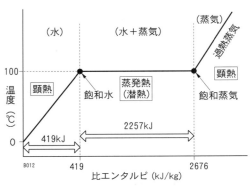

【標準大気圧における水と蒸気の状態変化】

※〔用語〕臨界点…圧力の上限のこと

6 エンタルピ

◎ボイラーの分野では、水及び蒸気がもつ**全熱量**を**エンタルピ**※という。

◎**比エンタルピ**は、1 kg 当たりのエンタルピを表し、単位は kJ/kg を用いる。

◎**飽和水の比エンタルピ**は飽和水 1 kg の**顕熱**であり、**飽和蒸気の比エンタルピ**はその**飽和水の顕熱**に**蒸発熱（潜熱）**を加えた値である。

　　比エンタルピ＝1 kg 当たりの全熱量
　　飽和水の比エンタルピ＝1 kg 当たりの顕熱
　　飽和蒸気の比エンタルピ＝1 kg 当たりの顕熱＋蒸発熱（潜熱）

※〔用語〕エンタルピ…物質が持っている熱エネルギーのことをいい、熱含量ともいう

7 飽和蒸気

◎一般にボイラーから発生する蒸気には、ごくわずかの水分が含まれているため、**湿り蒸気**という。

◎湿り蒸気に対し、水分を全く含まない飽和蒸気を**乾き飽和蒸気**という。

◎1 kg の湿り蒸気の中に、x kg の乾き飽和蒸気と（1 − x）kg の水分が含まれている場合、x をその湿り蒸気の**乾き度**、（1 − x）を湿り度という。

〔参考〕1 kg の湿り蒸気の中に 0.1 kg の水分が含まれている場合、その蒸気の乾き度は 0.9 となる。また、乾き飽和蒸気は水分を全く含まないため、乾き度は 1 となる。

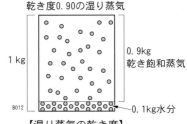

【湿り蒸気の乾き度】

8 過熱蒸気

◎飽和蒸気を更に加熱すると、温度は上昇する。飽和温度より高い温度の蒸気を**過熱蒸気**という。

◎過熱蒸気を作るには、飽和蒸気をボイラーの**過熱器**に通し、所要の温度まで高める。

◎過熱蒸気の温度と、同じ圧力の飽和蒸気温度との差を**過熱度**という。

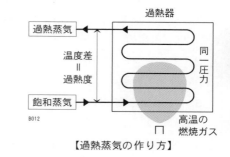

【過熱蒸気の作り方】

9 蒸気表

◎蒸気表は、蒸気の重要な性質を表したもので、種々の圧力及び温度に対し、比体積、比エンタルピ、蒸発熱などの数値が示されている。

◎**飽和水**は、圧力が高くなるほどその温度も高くなり、また、温度が高くなることから体積も大きくなる。このため、**飽和水の比体積**は圧力が高くなるほど**大きく**なる。一方、**飽和蒸気の比体積**は圧力が高くなるほど**小さく**なる。

◎**飽和水の比エンタルピ**（kJ/kg）は、圧力が高くなるほど**大きく**なる。

◎**臨界点**では、温度約374℃、圧力約22MPaとなる。また、飽和水と飽和蒸気の比体積及び比エンタルピが等しくなる。

《飽和蒸気表》

絶対圧力 (MPa)	飽和 温度 (℃)	比体積 (m³/kg)		比エンタルピ (kJ/kg)		
		飽和水	飽和蒸気	飽和水	飽和蒸気	蒸発熱
0.1	99.6	0.001043	1.6940	417.4	2675.0	2257.5
0.2	120.2	0.001061	0.8857	504.7	2706.2	2201.6
0.4	143.6	0.001084	0.4624	604.7	2738.1	2133.3
0.6	158.8	0.001101	0.3156	670.5	2756.1	2085.6
0.8	170.4	0.001115	0.2403	721.0	2768.3	2047.3
1.0	179.9	0.001127	0.1944	762.7	2777.1	2014.4
《中略》						
10.0	311.0	0.001453	0.0180	1407.9	2725.5	1317.6
15.0	342.2	0.001657	0.0103	1610.2	2610.9	1000.7
20.0	365.8	0.002039	0.0059	1827.1	2411.4	584.3
22.064	373.946	0.003106	0.003106	2087.6	2087.6	0.0

□ **1**．セルシウス（摂氏）温度は、標準大気圧の下で、水の氷点を 0℃、沸点を 100℃と定め、この間を 100 等分したものを 1℃としたものである。

□ **2**．セルシウス（摂氏）温度 t［℃］と絶対温度 T［K］との間には $T = t + 273$ の関係がある。

□ **3**．760mm の高さの水銀柱がその底面に及ぼす圧力を標準大気圧といい、1013hPa に相当する。

□ **4**．圧力計に表れる圧力を絶対圧力といい、その値に大気圧を加えたものをゲージ圧力という。

□ **5**．標準大気圧の下で、質量 1kg の水の温度を 1K（1℃）だけ高めるために必要な熱量は約（　）kJ であるから、水の（　）は約（　）kJ/（kg·K）である。

□ **6**．水の飽和温度は、標準大気圧のとき 100℃で、圧力が高くなるほど高くなる。

□ **7**．水の温度は、沸騰を開始してから全部の水が蒸気になるまで一定である。

□ **8**．飽和水の蒸発熱は、圧力が高くなるほど小さくなり、臨界圧力に達すると 0 になる。

□ **9**．飽和蒸気の比エンタルピは、飽和水の比エンタルピに蒸発熱を加えた値である。

□ **10**．飽和水の比エンタルピは飽和水 1kg の顕熱であり、飽和蒸気の比エンタルピはその飽和水の顕熱に蒸発熱を加えた値で、単位は kJ/kg である。

□ **11**．乾き飽和蒸気は、乾き度が 1 の飽和蒸気である。

□ **12**．過熱蒸気の温度と、同じ圧力の飽和蒸気の温度との差を過熱度という。

□ **13**．飽和蒸気の比体積は、圧力が高くなるほど大きくなる。

□ **14**．飽和水の比エンタルピは、圧力が高くなるほど小さくなる。

□ **15**．蒸気の重要な諸性質を表示した蒸気表中の圧力は、一般に絶対圧力で示される。

解答　**1**.○　**2**.○　**3**.○　**4**.×　**5**.4.2/比熱/4.2　**6**.○
7.○　**8**.○　**9**.○　**10**.○　**11**.○　**12**.○　**13**.×　**14**.×　**15**.○

2 ボイラーの伝熱と水循環　　重要度 ★

🔥 伝熱

◎熱は温度の高い部分から低い部分に移動する。この現象を伝熱という。伝熱作用は次の3つに分けられる。

①熱伝導	温度の一定でない物体の内部で、温度の高い部分から低い部分へ順次熱が伝わる現象である。金属類は熱伝導が大きく、れんが、すす、スケール等は小さい。
②熱伝達	液体又は気体の流れが固体壁に接触して、固体壁との間で熱が移動する現象である。この現象は固体壁の表面の状態、流速、伝熱面の構成、流体の物性値と温度等によって変化する。
③放射伝熱	物体がある温度にあると、その物体から空間に向かって電磁波のように放出される熱を放射熱といい、その放射熱で熱が移動することを放射伝熱という。例えば、太陽の熱は放射伝熱により地球に伝わっている。

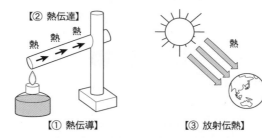

【② 熱伝達】

【① 熱伝導】　【③ 放射伝熱】

◎固体壁を通して高温流体から低温流体へ熱の移動が行われる現象を**熱貫流**又は**熱通過**という。熱貫流は、一般に熱伝達及び熱伝導が総合されたものである。

◎熱貫流の程度を表す係数を**熱貫流率**又は**熱通過率**という。

熱貫流（熱通過）
【伝熱と熱貫流の関係】

◎熱貫流率又は熱通過率は、両側の流体と壁面との間の**熱伝達率**及び固体壁の**熱伝導率**とその厚さによって決まる。

◎熱伝達率は、熱伝達において流体と壁面といった2種類の物質間での熱の伝えやすさを表す値である。また、熱伝導率は、熱伝導のしやすさを表す値である。熱伝達率及び熱伝導率が大きいほど、また固定壁が薄いほど、熱貫流率は大きくなる。

🔥 ボイラーにおける蒸気の発生と水循環

◎燃料の燃焼によって発生する熱をボイラー水に伝える部分をボイラーの伝熱面という。**温度の上昇した水及び気泡を含んだ水は蒸気を含んで上昇し、一方で温度の低い水は下降する。**この結果、ボイラー内で**自然に水の循環流**ができる。

◎**水循環が良いと熱が水に十分に伝わり、伝熱面温度も水温に近い温度に保たれる。**しかし、**水循環が不良であると気泡が停滞したりするため、伝熱面が焼損したり膨出するなどの原因となる。

◎丸ボイラーの伝熱面の多くはボイラー水中に設けられているため、**水の対流が容易**である。このため、特別な水循環の系路を必要としない。

◎**水管ボイラーは、水の循環を良くするために、水と気泡の混合体が上昇する上昇管と、水が下降する下降管を区別して設けているものが多い。**ただし、高圧になるほど蒸気と水との密度差が**小さくなる**ため、循環力が**弱くなる**。このため、高圧の水管ボイラーでは、循環ポンプを使用してボイラー水の循環を行わせている。

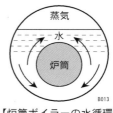

B013
【炉筒ボイラーの水循環】

確認テスト

□**1**．温度が一定でない物体の内部で、温度の高い部分から低い部分へ順序、熱が伝わる現象を熱伝達という。

□**2**．空間を隔てて相対している物質間に伝わる熱の移動を放射伝熱という。

□**3**．固体壁を通して高温流体から低温流体へ熱が移動する現象を熱貫流又は熱通過という。

□**4**．熱貫流は、一般に熱伝達及び熱伝導が総合されたものである。

□**5**．固体壁を通して高温流体から低温流体へ熱が伝わる程度を表す（　）率は、両側の流体と壁面との間の（　）率及び固体壁の（　）率とその厚さによって決まる。

□**6**．ボイラー内で、温度が上昇した水及び気泡を含んだ水は上昇し、その後に温度の低い水が下降して、水の循環流ができる。

□**7**．水循環が良いと熱が水に十分に伝わり、伝熱面温度は水温に近い温度に保たれる。

□**8**．丸ボイラーは、伝熱面の多くがボイラー水中に設けられ、水の対流が困難なので、水循環の系路を構成する必要がある。

□**9**．水管ボイラーでは、特に水循環を良くするため、上昇管と降水管を設けているものが多い。

解答　**1**．×　**2**．○　**3**．○　**4**．○
5．熱貫流（熱通過）／熱伝達／熱伝導　**6**．○　**7**．○　**8**．×　**9**．○

3 ボイラーの概要

重要度 ★★

ボイラーの構成

1 ボイラーとは

◎ボイラーは、密閉した容器に水又は熱媒を入れ、これを火気及び燃焼ガス、その他高温ガス、電気等で水を加熱し、大気圧を超える蒸気又は温水を作って、それらを使用部に送る装置である。**蒸気ボイラーと温水ボイラー**で区別され、大別して本体、燃焼室、附属装置、附属設備、附属品で構成される。

2 燃焼室

◎**燃焼室**は、燃料を燃焼し熱を発生する部分で、**火炉**ともいわれる。燃焼室にはバーナや火格子など**燃焼装置**が取り付けられる。

《燃焼装置の種類》

燃焼装置	燃料の種類
バーナ	液体燃料、気体燃料、微粉炭[※1]
火格子[※2]	一般固体燃料[※3]

［解説］※1 微粉炭…乾燥した石炭を粉砕して微粉末にしたもの

※2 火格子…第3章 [15] 1. 火格子燃焼を参照

※3 一般固体燃料…石炭、コークス、練炭、木材など

◎**燃焼室**は、供給された燃料を速やかに**着火、燃焼**させ、発生する可燃ガスと空気との**混合接触を良好**にし、**完全燃焼**を行わせる部分である。

◎燃焼室は、燃焼室内を大気圧以上にしてボイラーを運転する**加圧燃焼方式**[※]が一般的であり、この場合、燃焼室を**気密構造**にしなければならない。

※［参考］加圧燃焼方式では、送風機（ファン）で燃焼室内を加圧する。一方、負圧燃焼方式は燃焼室内を負圧にして、外部から空気を自然吸引させるもので、かまどなど古来からある一般的な燃焼方式である。

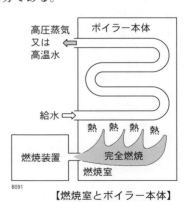

【燃焼室とボイラー本体】

3 ボイラー本体

◎燃焼室で発生した熱を受け、内部の水を加熱・蒸発させ、所要圧力の蒸気又は高温水を発生する部分である。胴、ドラム、多数の小径の管などにより構成されている。

◎熱を受け、その熱を水や蒸気に伝える部分を**伝熱面**という。伝熱面のうち燃焼室に直面して火炎などからの強い放射熱を受ける面を**放射伝熱面**という。

◎一方、燃焼室を出た**高温ガス通路**に配置される伝熱面は、主として高温ガスとの接触によって熱を受けるため、**接触伝熱面**あるいは**対流伝熱面**といわれる。

◎放射熱は、太陽の直射を受けたり、ストーブの周囲で感じることができ、空間を隔てて物体に伝わる。一方、高温ガスによる伝熱は、エンジンの排気管などでも見られる。高温の排気ガスが通ることで、排気管は相当な高温に達する。

◎蒸気ボイラーの場合には本体の内容積の 2/3 〜 4/5 は水で満たされ、水の表面を水面、水面の位置を水位、水面上の蒸気がたまる部分を蒸気部又は蒸気室、水面下の水の部分を水部又は水室という。

【ボイラーの伝熱面】

4 附属装置、附属設備及び附属品

◎ボイラーを安全に、かつ、効率よく運転できるように、次のような附属装置、附属設備及び附属品がある。

《附属装置及び附属設備》

自動制御装置	給水装置	給水処理装置	通風装置
スートブロワ（すす吹き装置）		燃料貯蔵及び燃料装置	
過熱器[1]	エコノマイザ（節炭器）		空気予熱器[1]

※1　主に大容量ボイラーに備える。

《附属品》

圧力計（水高計）	水面計	温度計	流量計
通風計	安全弁	高低水位警報器	止め弁
コック	吹き出し装置		

ボイラーの容量及び効率

1 容量

◎ボイラーの容量（能力）は、**最大連続負荷**の状態で、**単位時間（1時間）に発生する蒸発量**で示される。単位はkg/h又はt/hで示される。例えば、1000kg/hは1時間当たり1000kg（1t）の水を水蒸気とすることができる能力を表している。

◎蒸気の発生に要する**熱量**は、**蒸気圧力、蒸気温度及び給水温度**によって異なる。要求される蒸気圧力及び蒸気温度が高くなるほど、また、給水温度が低くなるほど、蒸気の発生に要する熱量は多くなる。このような差異をなくすため、ボイラー容量を次に述べる換算蒸発量によって示す場合が多い。

◎**換算蒸発量**は、実際に給水から所要蒸気を発生させるのに要した熱量を、基準状態すなわち 100℃の飽和水を蒸発させて 100℃の飽和蒸気（大気圧）とする場合の**熱量 2257kJ/kg で除したもの**である。

$$換算蒸発量 = \frac{実際に給水から所要蒸気を発生させるのに要した熱量}{2257kJ/kg}$$

［解説］「実際に給水から所要蒸気を発生させるのに要した熱量」が2500×10^3kJ/hであるボイラーの換算蒸発量は、次のとおりとなる。

$$換算蒸発量 = \frac{2500 \times 10^3 kJ/h}{2257kJ/kg} ≒ 1100kg/h$$

◎換算蒸発量と実際の蒸発量を比べると、必ず換算蒸発量の方が大きな値となる。これは、換算蒸発量が水⇒蒸気の比エンタルピの差で最小値（2257kJ/kg）をとっているためである。

※「飽和水」「飽和蒸気」「比エンタルピ」は第 1 章 ① 熱及び蒸気を参照

2 効率

◎**ボイラー効率**とは、全供給熱量に対する発生蒸気の**吸収熱量**の割合をいう。

$$ボイラー効率 = \frac{発生蒸気の吸収熱量}{全供給熱量} \times 100（\%）$$

◎全供給熱量は、燃料消費量と燃料の発熱量の**積**となる。

［解説］燃料消費量が10kg、燃料の発熱量が40MJ/kgで、発生蒸気の吸収熱量が360MJである場合、ボイラー効率は、360MJ ／（10kg×40MJ/kg）＝90％となる。M（メガ）は10^6を表す接頭語で、1000kJ＝1MJである。

◎燃料の発熱量はボイラーの場合、一般に**低発熱量**（もしくは真発熱量）を用いる。低発熱量は、燃料の燃焼によって発生する水蒸気の凝縮潜熱を含めないもので、ボイラーの他、エンジンなどの熱効率でも低発熱量を採用している。ボイラーでは水蒸気を含む排ガスがそのまま外部に排出される。水蒸気の凝縮潜熱を利用するためには、熱交換機を排ガス通路の途中に設けなければならない。

$$\boxed{高発熱量} = \boxed{低発熱量} + \boxed{水蒸気の凝縮潜熱}$$

［参考］灯油は低発熱量が43.5MJ/kgで、高発熱量が46.5MJ/kgである。

◎なお、凝縮潜熱は、蒸気が凝縮して液体に変わるとき、放出する潜熱をいう。

🔥 ボイラーの分類

現在、広く使用されているボイラーを構造によって分類すると、次のとおりとなる。

①**丸ボイラー**…径の大きい胴を用い、その内部に炉筒、火室、煙管などを設けたものである。容量が小さく、圧力が1MPa程度以下のボイラーに広く使用。

②**水管ボイラー**…蒸気ドラム、水ドラム及び多数の水管で形成されている。水管が高い熱を受け、その内部で蒸発が行われる。低圧小容量から高圧大容量のものに適用。

③**鋳鉄製ボイラー**…鋳鉄製のセクションを前後に組み合わせたもので、暖房用の低圧蒸気発生用又は温水ボイラーとして使用。

確認テスト

□**1.** 燃焼室は、燃料を燃焼し熱を発生する部分で、火炉ともいわれる。

□**2.** 燃焼装置は、燃料の種類によって異なり、液体燃料、気体燃料及び微粉炭にはバーナが、一般固体燃料には火格子などが用いられる。

□**3.** 燃焼室は、供給された燃料を速やかに着火、燃焼させ、発生する可燃ガスと空気との混合接触を良好にして完全燃焼を行わせる部分である。

□**4.** 燃焼室は、加圧燃焼方式の場合は開放構造になっている。

□**5.** 加圧燃焼方式の燃焼室は燃焼室内を大気圧以上に保たせている。

□**6.** 高温ガス通路に配置され、主として高温ガスとの接触によって受けた熱を水や蒸気に伝える伝熱面は、接触伝熱面といわれる。

□**7.** 燃焼室に直面して火炎などからの熱を水や蒸気に伝える伝熱面は、放射伝熱面といわれる。

□**8.** 蒸気ボイラーの容量（能力）は、最大連続負荷の状態で、1時間に発生する蒸発量で示される。

□**9.** 蒸気の発生に要する熱量は、蒸気圧力、蒸気温度及び給水温度によって異なる。

□**10.** 換算蒸発量は、実際に給水から所要蒸気を発生させるために要した熱量を、2257kJ/kgで除したものである。

□**11.** ボイラー効率は、実際蒸発量を全供給熱量で除したものである。

□**12.** ボイラー効率を算定するとき、燃料の発熱量は、一般に低発熱量を用いる。

解答 **1.** ○ **2.** ○ **3.** ○ **4.** × **5.** ○ **6.** ○ **7.** ○ **8.** ○ **9.** ○ **10.** ○ **11.** × **12.** ○

4 丸ボイラー

重要度 ★

1 丸ボイラーの特徴

◎丸ボイラーは、水管ボイラーと比較して、次のような特徴がある。

①構造が簡単で、設備費が安く、取扱いが容易である。
②大径の胴を使用するため、高圧のもの及び大容量のものには適さない。
③伝熱面積当たりの保有水量が大きいため、起動から蒸気発生までに時間がかかる。しかし、負荷の変動（蒸気使用量の変動）による圧力変動は少ない。
④保有水量が多く、破裂の際の被害が大きい。

2 丸ボイラーの種類と構造

◎立てボイラー、立て煙管ボイラー…胴を直立させ、燃焼室（火室）をその底部に設置したもの。立てボイラーは、火室内に水部に連絡する数本の横管を交互に設けたもので、これによって伝熱面を増している。立て煙管ボ

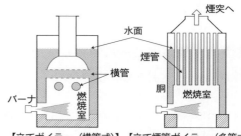

【立てボイラー（横管式）】【立て煙管ボイラー（多管式）】

イラーは、伝熱面を増やすため、火室上部に多数の煙管を設けたものである。温水ボイラーとして暖房用、給湯用にも広く使用されている。

◎炉筒ボイラー…円筒形の胴内の水室部に炉筒（円筒形の燃焼室）を設けたもの。

◎煙管ボイラー…胴の水部に燃焼ガスの水路となる多数の煙管を設けて伝熱面の増加を図ったもの。主に外だき式で、水平に置かれた胴の下部にれんが積みの燃焼室を設けており、主として木材などを燃料として使用することが多い。

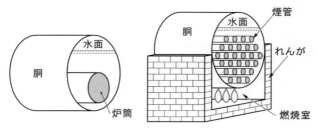

【炉筒ボイラー（内だき式）】　【煙管ボイラー（外だき式）】

◎外だき式は、ボイラー本体外に燃焼室を設けたもので、燃焼室の設計自由度が高く、燃料の選択範囲が広いという利点がある。

◎炉筒煙管ボイラー…内だき式ボイラーで、一般に径の大きい**波形炉筒及び煙管群**を組み合わせてできている。燃焼ガスは炉筒から後部煙室に入り、次に第1煙管群を通って前部煙室に導かれる。更に第2煙管群を通って煙突に出るようになっている。

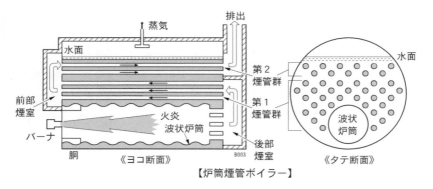

【炉筒煙管ボイラー】

3 炉筒煙管ボイラーの特徴

①パッケージ形式としたものが多い
　コンパクトな形状で、据付けにれんが積みを必要としない。工場で一体製作。

②内部の清掃が困難なため良質の給水を必要とする
　内部に多数の煙管が取り付けられているため、清掃が難しい。

③ボイラー効率が85〜90%と高い
　煙管ボイラーは伝熱面が煙管だけであるのに対し、炉筒煙管ボイラーは炉筒と煙管が伝熱面となる。

④燃焼効率が高い
　加圧燃焼方式を採用し、燃焼室熱負荷を高くして燃焼効率を上げている。また、煙管には伝熱効果の大きい**スパイラル管**を採用したものが多い。スパイラル管は管内の燃焼ガスの流れに乱れを起こし、ガス温度を均一化して伝熱効果を高める働きをする。

【スパイラル管】B088

⑤戻り燃焼方式を採用して更に燃焼効率を高めているものがある
　戻り燃焼方式は、炉筒の終端を閉じ、炉筒に吹き付ける火炎を終端で反転させて前方に戻すというものである。

安全弁
主蒸気弁
水面計
給水弁
煙管
給水流量計
ブロー弁
給水ポンプ

手すり
送風機
水面計管柱
フロートスイッチ
制御盤
バーナ
清浄剤注入器

【一般的な炉筒煙管ボイラー構成図】

確認テスト

□1. 炉筒煙管ボイラーは水管ボイラーに比べ、一般に製作及び取扱いが容易である。

□2. 炉筒煙管ボイラーは水管ボイラーに比べ、伝熱面積当たりの保有水量が小さいので、起動から所要蒸気発生までの時間が短い。

□3. 炉筒煙管ボイラーは水管ボイラーに比べ、蒸気使用量の変動による圧力変動が大きいが、水位変動は小さい。

□4. 炉筒煙管ボイラーは、外だき式ボイラーで、一般に、径の大きい波形炉筒と煙管群を組み合わせてできている。

□5. 炉筒煙管ボイラーは、すべての組立てを製造工場で行い、完成状態で運搬できるパッケージ形式にしたものが多い。

□6. 炉筒煙管ボイラーには、加圧燃焼方式を採用し、燃焼室熱負荷を高くして燃焼効率を高めたものがある。

□7. 炉筒煙管ボイラーの煙管には、伝熱効果の高いスパイラル管を使用しているものが多い。

□8. 炉筒煙管ボイラーには、戻り燃焼方式を採用し、燃焼効率を高めたものがある。

解答　1. ○　2. ×　3. ×　4. ×　5. ○　6. ○　7. ○　8. ○

5 水管ボイラー

重要度 ★★

🔥 水管ボイラーの概要

1 分類

◎水管ボイラーは、一般に比較的小径のドラム（円筒胴）と多数の管で構成され、水管内で蒸発を行わせるようになっている。そのため、水管の内側が常に水と接している状態にし、**確実に水を流動させる**必要がある。水管内で蒸気が停滞したり、蒸気だけになってしまうと管が過熱し、焼損してしまう。

◎水管ボイラーは、ボイラー水の流動方式によって分類され、水の自然循環力を利用した**自然循環式**、ポンプを用いて水を強制循環させる**強制循環式**及びドラムを有しないで管だけからなり、管の一端から給水して他端から蒸気を取り出す**貫流式**の3つに分けられる。

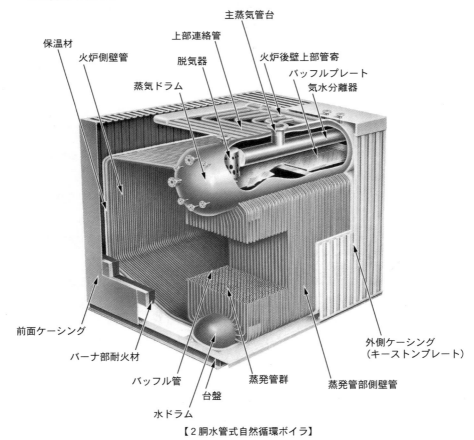

【2胴水管式自然循環ボイラ】

2 水管ボイラーの特徴

◎水管ボイラーには、丸ボイラーと比べて以下の特徴がある。

①構造上、**低圧小容量用**から**高圧大容量用**にも**適する**。

②燃焼室を自由な大きさに作れるので、燃焼状態がよく、また、種々の**燃料及び燃焼方式**に適応できる。

③**伝熱面積**を大きくとれるので、一般に**熱効率を高く**することができる。

④伝熱面積当たりの**保有水量が少ない**ので、起動から所要蒸気を発生するまでの**時間が短い**。その反面、負荷変動によって**圧力**及び**水位が変動**しやすいので、きめ細かな調整が必要である。

⑤給水及びボイラー水の処理に注意を要する。特に**高圧ボイラー**では、**厳密な水管理**を行わなければならない。

3 水冷壁

◎水管ボイラーは、燃焼室の内周面に水管を配置した**水冷壁**が用いられる。

◎水冷壁に用いられる水管を**水冷壁管**という。水冷壁管により、伝熱面積の増加と耐火材の冷却を同時に行うことができる。

🔥 自然循環式水管ボイラー

◎**自然循環式水管ボイラー**は、ドラムと多数の水管でボイラー水の循環回路を作るよう構成されたボイラーである。

◎加熱によって水管内に蒸気が発生すると、**密度が小さくなり**、水管内を上昇する。このことを利用して、**ボイラー水に自然循環**を行わせる。水管ボイラーとして最も広く使用されている。

◎しかし、**高圧になるほど蒸気と水との密度差が小さくなる**ため、ボイラー水の循環力は弱くなる。

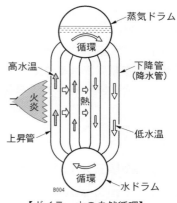

【ボイラー水の自然循環】

蒸気ドラム
循環
高水温
下降管（降水管）
火炎
熱
上昇管
低水温
循環
水ドラム
B004

◎**二胴形水管ボイラー**は、炉壁内面に水管を配した**水冷壁**と、**上下ドラム**をつなぐ**水管群**（蒸発水管群という）を組み合わせた形式のものが一般的である。上部のドラムを蒸気ドラム、下部のドラムを水ドラムという。自然循環式水管ボイラーとして最も広く採用されている。二胴形水管ボイラーは、水管に曲がり管が多く使われることから、**曲管式水管ボイラー**とも呼ばれる。

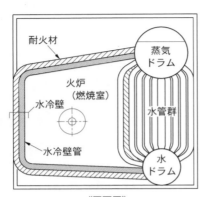

《正面図》

【二胴形水管ボイラー】

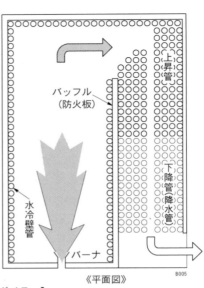

《平面図》

◎高圧大容量の水管ボイラーには、**炉壁全面を水冷壁**とし、蒸発部の接触伝熱面がわずかしかない**放射形ボイラー**が多く用いられる。放射形ボイラーでは全吸収熱量のうち、水冷壁管の**放射伝熱面**で吸収される熱量の割合が大きい。蒸発水管からの熱の吸収は少ない。

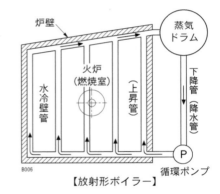

【放射形ボイラー】

🌑 強制循環式水管ボイラー

◎ボイラー水は、高圧になるほど蒸気と水の密度差が小さくなるため、循環力が弱くなる。

◎**強制循環式水管ボイラー**では、循環ポンプの駆動力を利用して、ボイラー水の循環を行わせる。循環ポンプは、ボイラー水の循環系路中に設けられ、強制的に水の循環系路を作る。

【強制循環式水管ボイラーの水系統】

🔥 貫流ボイラー

◎貫流ボイラーは長い管系で構成されており、**給水ポンプ**によって管系の一端から押し込まれた水が、エコノマイザ、蒸発部、過熱部を順次貫流し、他端から所要の蒸気が取り出されるようになっている。

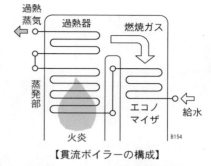

【貫流ボイラーの構成】

◎貫流ボイラーは、給水処理法及び自動制御装置の発達に伴い、**高圧大容量ボイラー**が用いられている。また、圧力が水の臨界圧力を超える、いわゆる、**超臨界圧力用ボイラー**は、すべて貫流ボイラーが採用されている。

※臨界圧は 第1章 ① 熱及び蒸気　9. 蒸気表を参照

1 貫流ボイラーの特徴

①長い管系だけから構成されており、蒸気ドラム及び水ドラムを要しないため、高圧ボイラーに適している。
②管を自由に配置できるため、全体をコンパクトな構造にできる。
③伝熱面積当たりの保有水量が少ないため、起動から所要蒸気を発生するまでの時間が短い。
④負荷変動によって圧力が変動しやすいので、応答の速い給水量及び燃料量の自動制御装置が必要である。
⑤細い管内で給水の全部又はほとんどが蒸発するので、水質に合わせた十分な処理を行った給水が必要となる。

◎図は水管をコイル状に巻いた単管式の油だきボイラーで、一端から押し込んだ水を加熱蒸発させて取り出している。小型低圧の貫流ボイラーに広く使われている。

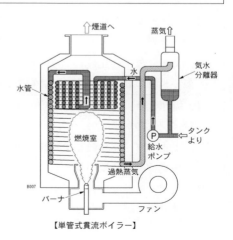

【単管式貫流ボイラー】

27

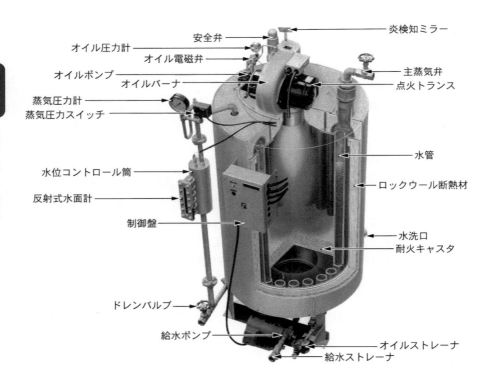

炎検知ミラー
安全弁
オイル圧力計
オイル電磁弁
オイルポンプ
オイルバーナ
主蒸気弁
点火トランス
蒸気圧力計
蒸気圧力スイッチ
水管
水位コントロール筒
ロックウール断熱材
反射式水面計
制御盤
水洗口
耐火キャスタ
ドレンバルブ
給水ポンプ
オイルストレーナ
給水ストレーナ

【垂直水管式小型貫流ボイラ】

確認テスト

□1. 水管ボイラーは、ボイラー水の流動方式によって自然循環式、強制循環式及び貫流式に分類される。

□2. 丸ボイラーと比較して水管ボイラーは、ボイラー水の循環系路を確保するため、一般に、蒸気ドラム、水ドラム及び多数の水管で構成されている。

□3. 丸ボイラーと比較して水管ボイラーは、給水及びボイラー水の処理に注意を要し、特に高圧ボイラーでは厳密な水管理を行う必要がある。

□4. 丸ボイラーと比較して水管ボイラーは、使用蒸気量の変動による圧力変動及び水位変動が小さい。

□5. 丸ボイラーと比較して水管ボイラーは、構造上、低圧小容量用から高圧大容量用までに適している。

□6. 丸ボイラーと比較して水管ボイラーは、伝熱面積を大きくとれるので、一般に熱効率を高くできる。

□**7.** 丸ボイラーと比較して水管ボイラーは、伝熱面積当たりの保有水量が小さいので、起動から所要蒸気発生までの時間が短い。

□**8.** 自然循環式水管ボイラーは、高圧になるほど蒸気と水との密度差が大きくなり、ボイラー水の循環力が強くなる。

□**9.** 二胴形水管ボイラーは、炉壁内面に水管を配した水冷壁と、上下ドラムを連絡する水管群を組み合わせた形式のものが一般的である。

□**10.** 高圧大容量の水管ボイラーには、炉壁全面が水冷壁で、蒸発部の接触伝熱面がわずかしかない放射形ボイラーが多く用いられる。

□**11.** 強制循環式水管ボイラーでは、ボイラー水の循環系路中に設けたポンプによって、強制的にボイラー水の循環を行わせる。

□**12.** 貫流ボイラーは、管系だけで構成され、蒸気ドラム及び水ドラムを要しないので、高圧ボイラーに適している。

□**13.** 貫流ボイラーでは、給水ポンプによって管系の一端から押し込まれた水が、エコノマイザ、蒸発部、過熱部を順次貫流して、他端から所要の蒸気が取り出される。

□**14.** 貫流ボイラーは、細い管内で給水のほとんどが蒸発するので、十分な処理を行った給水を使用しなくてよい。

□**15.** 貫流ボイラーは、管を自由に配置できるので、全体をコンパクトな構造にすることができる。

□**16.** 貫流ボイラーは、負荷変動によって大きい圧力変動を生じやすいので、応答の速い給水量及び燃料量の自動制御装置を必要とする。

□**17.** 超臨界圧力ボイラーに採用されるのは、貫流ボイラーである。

解答　　**1.** ○　**2.** ○　**3.** ○　**4.** ×　**5.** ○　**6.** ○　**7.** ○　**8.** ×
9. ○　**10.** ○　**11.** ○　**12.** ○　**13.** ○　**14.** ×　**15.** ○　**16.** ○　**17.** ○

6 鋳鉄製ボイラー

重要度 ★★

1 鋳鉄製ボイラーの概要

◎鋳鉄製ボイラーは、低圧暖房用の蒸気又は温水ボイラーとして使用されている。

◎このボイラーは、使用材料の性質上、蒸気ボイラーとして使用する場合の圧力は 0.1MPa 以下、温水ボイラーでは圧力 0.5MPa 以下、温水温度 120℃以下に限って使用することができる。

《使用圧力及び温水温度》

蒸気ボイラー	0.1MPa 以下
温水ボイラー	0.5MPa 以下
温水温度	120℃以下

2 鋳鉄製ボイラーの構造

◎鋳鉄製の**セクション**をいくつか前後に並べて組み合わせたもので、下部は燃焼室、上部の窓は煙道となる。

◎各セクションは、上部に**蒸気部連絡口**、下部左右に**水部連絡口**をそれぞれ備えており、この穴の部分にこう配のついた**ニップル（管継手）**をはめて結合し、かつ、外部のボルトで締めつけて組み立てられる。

◎一般にセクションの連結数は 20 程度まで、伝熱面積は $50m^2$ 程度までである。

［用語］ニップル（nipple）…機械部品を結合するための継ぎ管

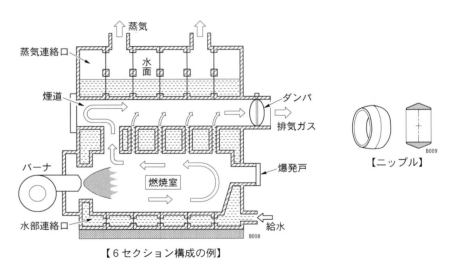

【6セクション構成の例】

【ニップル】

◎**加圧燃焼方式**を採用して、ボイラー効率を**高めた**ものもある。

◎多数の**スタッド**を取り付けたセクションによって、伝熱面積を増加できる。

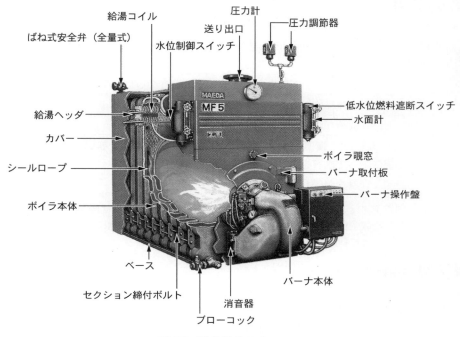

給湯コイル
圧力計
送り出口
圧力調節器
ばね式安全弁（全量式）
水位制御スイッチ
給湯ヘッダ
低水位燃料遮断スイッチ
水面計
カバー
ボイラ観窓
シールロープ
バーナ取付板
ボイラ本体
バーナ操作盤
ベース
バーナ本体
セクション締付ボルト
消音器
ブローコック

【油だき式鋳鉄製ボイラ】

3 ウェットボトム形鋳鉄製ボイラー

◎従来は、セクションの底部に水を循環させないドライボトム形鋳鉄製ボイラーが多く使用されていた。しかし、最近はボイラー効率を上げるために**ボイラー底部にも水を循環**させる構造の**ウェットボトム形鋳鉄製ボイラー**が主流となっている。

［用語］ドライ（dry）…乾燥した〜　／ウェット（wet）…湿った〜
　　　　／ボトム（bottom）…底部

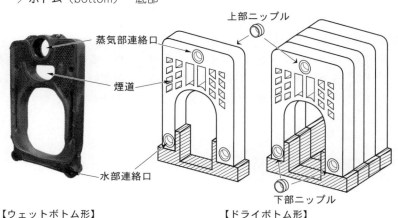

上部ニップル
蒸気部連絡口
煙道
水部連絡口
下部ニップル

【ウェットボトム形】　　　　　【ドライボトム形】

4 鋳鉄製ボイラーの特徴

◎鋳鉄製ボイラーの特徴は、次のとおりである。

①組立て、解体、搬入に便利で、地下室など入り口の狭い場所にも**設置することができる。**
②セクションの増減によって**能力を大きくしたり小さくしたりすることができる。**
③鋼板に比べ、**腐食に強い。**
④小型で据付け**面積が小さい。**
⑤鋳鉄製であるため**強度が弱く、高圧及び大容量には適さない。** また、**熱の不同膨張によって割れを生じやすい。**
⑥内部掃除及び検査が難しい。

［解説］鋳鉄 (ちゅうてつ) …2％以上の炭素を含む鉄合金。鋼に比べ機械的強さは劣るが、比較的低い温度で溶け、流動性に優れているため鋳物に適している。腐食に強く耐摩耗性にも優れる。エンジンのシリンダブロックなどに使用。

5 暖房用蒸気ボイラー

◎暖房用に蒸気を使用する鋳鉄製ボイラーでは、**放熱器を通過した後の水（復水）を循環させ、再利用する。** ボイラーに戻すための管を**返り管**という。重力循環方式蒸気暖房用返り管では、万一、暖房配管が空の状態になったときでも、**少なくとも安全低水面までボイラー水が残り低水位事故を防止する**よう、**ハートフォード式連結法**がよく用いられている。

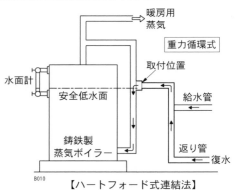

【ハートフォード式連結法】

◎ハートフォード式連結法は、ボイラー底部と蒸気管を配管で接続し、この配管の安全低水面の高さに返り管を接続するというものである。

◎暖房用蒸気ボイラーの**給水管**は、ボイラーに直接取り付けるのではなく、**返り管に**取り付ける。給水管をボイラーに直接取り付けると、内部のボイラー水と給水の大きな温度差によって、その部分が**不同膨張を起こし、割れが発生しやすくなるため**である。

◎ポンプを用いないで、蒸気と復水を循環させる方式を**重力循環式**という。

◎重力循環式の返り管では、取付位置を安全低水面と一致させなければならないが、**ポンプ循環方式**の返り管では、取付位置を**安全低水面以下150mm以内**の高さにする。これは、給水時に大量の給水が水面近くに送られると、ウォータハンマが起きやすくなるためである。

◎蒸気系のウォータハンマは、蒸気が水との接触により冷却され急激に凝縮して一時的に真空状態になると、この真空部に向かって配管内の水の塊が押し寄せ、塊が互いに衝突することで発生する。また、配管内の水の塊が高速で移動中に配管の曲がり部分などに衝突することによっても発生する。

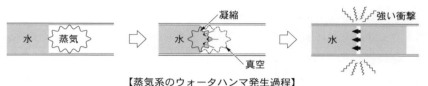

【蒸気系のウォータハンマ発生過程】

6 温水ボイラーの配管と膨張タンク

◎鋳鉄製ボイラーは温水用としてもよく利用されるが、この場合は、配管系統が温水で満たされるため、圧力の過大上昇を防止するための**膨張タンク**が必要となる。

◎膨張タンクは、大気に開放した開放形と密閉形タンクを用いるものとがある。**密閉形の膨張タンク**を設ける場合、蒸気ボイラーに圧力の**逃がし弁**（第1章 13 3．逃がし弁 参照）を取り付けなければならない。

◎一方、**開放形の膨張タンク**を使用する場合は、高所にタンクを設置するとともに、温水ボイラーとタンク間を**逃がし管**で接続する。この逃がし管により、温水ボイラーによる吐出圧力は、タンクによる圧力以上とはならない。

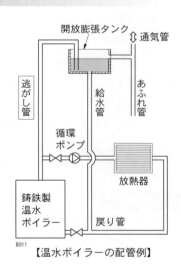

B011
【温水ボイラーの配管例】

確認テスト

□**1.** 温水ボイラーの温水温度は、120℃以下に限られる。

□**2.** 各セクションは、蒸気部連絡口及び水部連絡口の穴の部分にニップルをはめて結合し、外部のボルトで締め付けて組み立てられている。

□**3.** 鋳鉄製蒸気ボイラーのセクションの数は20程度までで、伝熱面積は50m²程度までが一般的である。

□**4.** 加圧燃焼方式を採用して、ボイラー効率を高めたものがある。

□**5.** 鋳鉄製蒸気ボイラーは多数のスタッドを取り付けたセクションによって、伝熱面積を増加させることができる。

□**6.** ウェットボトム形は、ボイラー底部にも水を循環させる構造となっている。

□**7.** 鋳鉄製ボイラーは、鋼製ボイラーに比べ、腐食に強いが強度は弱い。

□**8.** 鋼製ボイラーに比べ、熱による不同膨張によって割れが生じやすい。

□**9.** 暖房用蒸気ボイラーでは、原則として復水を循環使用する。

□**10.** 暖房用鋳鉄製蒸気ボイラーにハートフォード式連結法により返り管を取り付ける目的は、（　）を防止することである。

□**11.** 重力式蒸気暖房返り管の取付けには、ハートフォード式連結法がよく用いられる。

□**12.** 暖房用ボイラーでは、給水管は、ボイラー本体の安全低水面の位置に直接取り付ける。

□**13.** 暖房用ボイラーでは、給水管は、返り管に直接取り付ける。

□**14.** ポンプ循環方式の蒸気ボイラーの場合、給水管の取付位置は、安全低水面以下150mm以内の高さにする。

解答 **1.** ○ **2.** ○ **3.** ○ **4.** ○ **5.** ○ **6.** ○ **7.** ○ **8.** ○ **9.** ○ **10.** 低水位事故 **11.** ○ **12.** × **13.** ○ **14.** ×

7 ボイラー各部の構造と強さ 重要度 ★★★

胴及びドラム

◎鋼製ボイラーにおいて、主要部品となる胴及びドラムは細長い円筒形になっている。丸ボイラーの場合は胴といい、水管ボイラーの場合はドラムという。

◎ボイラーの胴は、鋼板を円筒状に巻いて、その両端に鏡板を取り付けた構造となっている。円筒部分のつなぎ目は直線状に溶接されており、この部分を長手継手という。また、両側の鏡板も溶接されており、この円周状の部分を周継手という。

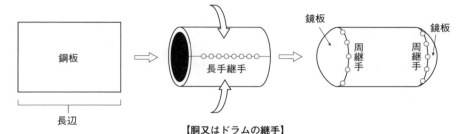

【胴又はドラムの継手】

◎ボイラーの胴板には、内部の圧力によって引張応力（ひっぱりおうりょく）が生じ、その応力は周方向と軸方向（長手方向）に分けることができる。

◎応力は、物体が荷重を受けたとき、荷重に応じて物体内部の断面に生じる抵抗力をいう。

◎周方向の応力に対抗するのが長手継手、軸方向の応力に対抗するのが周継手である。

◎周方向の応力（長手継手を引き裂こうとする力）は、計算によると軸方向の応力（周方向を引き裂こうとする力）の2倍となる。従って、長手継手の強さは、周継手の強さの2倍以上必要となる。

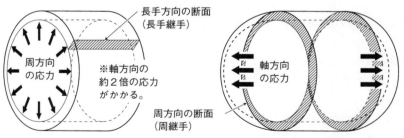

【長手方向の断面に生じる周方向の応力】　　【周方向の断面に生じる長手方向の応力】

第1章 構造に関する知識

🔥 鏡板及び管板

◎胴両端の鏡板（かがみいた）のうち、煙管ボイラーのように管を取り付けてあるものを特に管板という。また、平らな形状のものを平管板（ひらかんいた）という。

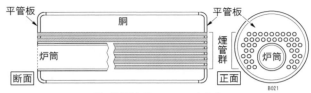

【炉筒煙管ボイラーの各部】

◎鏡板は、その形状によって次の4種類に分けられる。

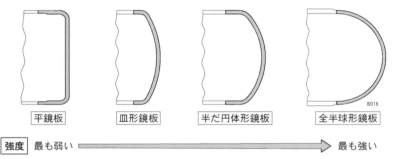

| 平鏡板 | 皿形鏡板 | 半だ円体形鏡板 | 全半球形鏡板 |

強度　最も弱い ➡ 最も強い

◎皿形鏡板、半だ円体形鏡板及び全半球形鏡板は、いずれも球面の一部から成っている。4種の鏡板のうち、強度は全半球形鏡板が最も強く、半だ円体形、皿形、平の順に弱くなる。

◎皿形鏡板は、球面殻（鏡板の頂部の球面を成す部分）、環状殻（すみの丸みを成す部分）及び円筒殻（フランジの部分）から成る。

◎平鏡板（ひらかがみいた）は、内部の圧力によって曲げ応力が生じるため、大径のもの又は圧力の高いものは、ステーによって補強する必要がある。

◎管板には、管穴を設け、この管穴に煙管を挿入し、ころ広げによって取り付ける。ころ広げとは、煙管を管穴に挿入後、工具で内側から広げ、管板に密着させる方法である。このころ広げに要する厚さを確保するため、煙管ボイラーには平管板が用いられる。

【皿形鏡板の構成】

【煙管の取付け】

36

炉筒及び火室

◎炉筒は、その形状によって平形炉筒と波形炉筒に分けられる。**平形炉筒**は、単純に円筒状のものであるが、熱による伸びを吸収するため伸縮継手を必要とする。

◎**波形炉筒**は、表面が波形をなしているもので、熱による伸縮が自由である、伝熱面積が大きい、強度が大きい、などの長所がある。

【波形炉筒内部】

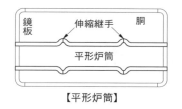

鏡板　伸縮継手　胴

平形炉筒

【平形炉筒】

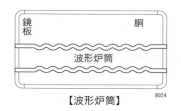

鏡板　胴

波形炉筒

【波形炉筒】

B024

◎炉筒は、燃焼ガスによって加熱され、長手方向に膨張しようとする。しかし、鏡板によって拘束されているため、炉筒板内部には、圧縮応力が生じる。この**熱応力を緩和**するため、炉筒の伸縮はできるだけ自由にしなければならない。

◎このため、鏡板にブリージングスペース（🔥ステー　2. ガセットステー参照）を設けたり、炉筒を波形にする、炉筒に伸縮継手を設けるなどの対策がとられている。

🔥 ステー

◎ステーは、平鏡板や平板部などの構造を補強するための部材をいう。各種のものがある。

1 棒ステー

◎棒ステーは、棒状のステーで、胴の長手方向（両鏡板の間）に設けたものを長手ステー、斜め方向（鏡板と胴板の間）に設けたものを斜めステーという。

2 管ステー

◎管ステーは、煙管ボイラー、炉筒煙管ボイラーなど煙管を使用するボイラーに多く使用され、ステーとして管板の補強となり、煙管の役目も果たす。

◎管ステーは、**煙管よりも肉厚の鋼管**を**管板**に溶接によって取り付けるか、又は鋼管の両端にねじを切り、これ

表面　　　　裏面

【溶接して取り付けられた管ステー】

を管板に設けたねじ穴にねじ込み、取り付ける。

◎管ステーを**溶接**により取り付ける場合は、溶接を行う前に**軽くころ広げ**をする。

◎**火炎**に触れる部分に管ステーを取り付ける場合には、**端部を縁曲げ**してこの部分の焼損を防ぐようにしなければならない。

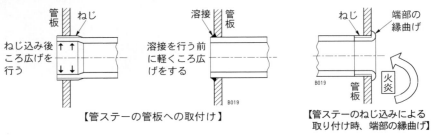

| 【管ステーの管板への取付け】 | 【管ステーのねじ込みによる取り付け時、端部の縁曲げ】 |

3　ガセットステー

◎ガセットステーは、**平板（ガセット板）**によって鏡板を胴で支えるもので、通常溶接によって取り付ける。

◎ガセットステーを取り付ける場合は、鏡板との取付部の下端と炉筒との間に**ブリージングスペース**を設け、炉筒が伸縮できるようにする。

［用語］ガセット（gusset）…補強板
　　　　ブリージング（breathing）…息ぬき
　　　　「breathing space」で動き回る余裕

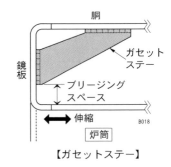

【ガセットステー】

穴（マンホール）

◎**マンホール**とは掃除及び検査の目的で内部に出入りするための穴である。

◎だ円形又は長方形の穴をボイラー胴に設ける場合は、**短径部又は短い辺**を胴の**軸方向**に配する。これは、周方向に生じる強い応力が穴の長い辺にかかるのを防ぐためである。

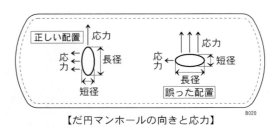

【だ円マンホールの向きと応力】

🔥 管寄せ

◎管寄せは、主として水管ボイラーに使用され、ボイラー水又は蒸気を多くの**水管・加熱管に分配**したり、また、これらの管から**集めたり**するもので、水管又は加熱管が多数取り付けられる。

🔥 管類

◎ボイラーに使用される管類は、給水管、蒸気管などの**配管**と、煙管、水管、エコノマイザ管、過熱管などの**伝熱管**に分けられる。伝熱管では、必ず熱の移動が起きている。

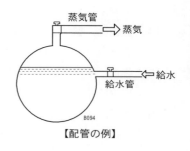

【配管の例】

① 配管

給水管	ボイラーに水を送るために用いられる管
蒸気管	ボイラーからの蒸気を送るための管

② 伝熱管

煙管	内部を燃焼ガスが流れ、外部がボイラー水に接触している。
水管	内部にボイラー水が通り、外部が燃焼ガスに接触している。
エコノマイザ管	エコノマイザに用いられ、外部が燃焼ガスに接触し、内部はボイラーへの給水が通る。
過熱管	外部が高温燃焼ガスに接触し、内部は過熱蒸気が通る。

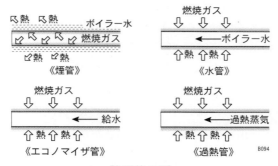

【伝熱管の例】

□**1.** 胴板には、内部の圧力によって引張応力が生じる。

□**2.** 胴と鏡板の厚さが同じ場合、圧力によって生じる応力に対して周継手は長手継手より2倍強い。

□**3.** 胴板に生じる応力に対して、胴の周継手の強さは、長手継手の強さの2倍以上必要である。

□**4.** 鏡板は、胴又はドラムの両端を覆っている部分をいい、煙管ボイラーのように管を取り付ける鏡板は、特に管板という。

□**5.** 鏡板は、その形状によって、平鏡板、皿形鏡板、半だ円体形鏡板及び全半球形鏡板に分けられる。

□**6.** 半だ円体形鏡板は、同材質、同径及び同厚の場合、全半球形鏡板に比べて強度が強い。

□**7.** 皿形鏡板は、球面殻、環状殻及び円筒殻から成っている。

□**8.** 皿形鏡板は、同材質、同径及び同厚の場合、半だ円体形鏡板に比べて強度が強い。

□**9.** 皿形鏡板に生じる応力は、すみの丸みの部分において最も大きい。この応力は、すみの丸みの半径が大きいほど大きくなる。

□**10.** 平鏡板は、内部の圧力によって曲げ応力が生じるので、大径のものや圧力の高いものはステーによって補強する。

□**11.** 管板には、煙管のころ広げに要する厚さを確保するため、一般に平管板が用いられる。

□**12.** 炉筒煙管ボイラーの管ステーは、( )よりも肉厚の鋼管を( )に溶接によって取り付けるか、又はその鋼管の両端にねじを切り、これを ( ) に設けたねじ穴にねじ込んで取り付ける。

□**13.** 管ステーを火炎に触れる部分にねじ込みによって取り付ける場合には、焼損を防ぐためねじ込み後に、ころ広げをして完了とする。

□**14.** ガセットステーを取り付ける場合には、鏡板への取付部の上端と炉筒との間にブリージングスペースを設ける。

□**15.** だ円形のマンホールの胴を設ける場合には、長径部を胴の軸方向に配置する。

□**16.** ボイラーに使用される主蒸気管は伝熱管である。

解答 **1.** ○ **2.** ○ **3.** × **4.** ○ **5.** ○ **6.** × **7.** ○ **8.** ×
9. × **10.** ○ **11.** ○ **12.** 煙管／管板／管板 **13.** × **14.** ○ **15.** × **16.** ×

8 附属品（計測器）

重要度 ★★★

1 圧力計

◎ボイラーを安全に運転継続するためには、ボイラー
内部の圧力を正確に知る必要がある。このため、
一般に**ブルドン管式**の圧力計が使われている。

◎圧力計は、胴又は蒸気ドラムの**一番高い位置**に取
り付けるのが原則である。

◎**ブルドン管は扁平な管を円弧状に曲げ**、その一端
を固定し他端を閉じ、その先に**扇形歯車をかみ合
わせた構造**となっている。圧力が加わるとブルド
ン管の**円弧が広がり、扇形歯車が動く**。その結果、
これにかみ合う小歯車が回転し、その軸に取り付
けられている指針の動きから圧力を知ることができる。

【圧力計】

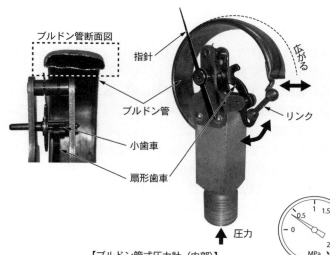

ブルドン管断面図

指針

ブルドン管

小歯車

扇形歯車

広がる

リンク

圧力

【ブルドン管式圧力計（内部）】

◎圧力計は、直接取り付けると蒸気がブルドン管に入り
誤差が生じるため、**水を入れたサイホン管**などを胴と
圧力計との間に取り付け、ブルドン管に蒸気が入らな
いようにする。

◎圧力計の**コック又は弁は、ハンドルが管軸と同一方向**
になった場合に**開く**ようにしておかなければならな
い。

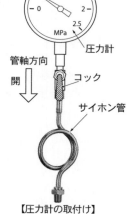

圧力計

管軸方向

開

コック

サイホン管

【圧力計の取付け】

第1章 構造に関する知識

2 水面測定装置

◎ボイラー水は、少な過ぎても多過ぎても事故の原因となる。そのため水面には標準の位置があり、水面をいつもこの位置を保つためにはボイラー胴内の水位を正しく知る必要がある。この目的に使用されるのが水面測定装置である。一般にガラス水面計が用いられる。

◎貫流ボイラーを除く蒸気ボイラーには、原則として**2個以上のガラス水面計**を見やすい位置に取り付ける。

◎水面計は、可視範囲の最下部がボイラーの**安全低水面と同じ高さ**になるように取り付けなくてはならない。

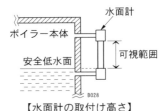

【水面計の取付け高さ】

◎水面計は、丸形ガラス水面計と平形反射式水面計などがある。これらの水面計は、ボイラー本体又は蒸気ドラムに直接取り付けるか、あるいは**水柱管**を設け、これに取り付ける。

◎**丸形ガラス水面計**は丸形ガラスを使用したもので、主として**最高使用圧力1MPa**以下の丸ボイラーなどに用いられる。

◎**平形反射式水面計**は、**平板ガラスを金属箱**に組み込んだ構造となっている。平板ガラスの裏面には三角形の溝が付けられている。前面から見ると水部は光線が通って**黒色**に見え、蒸気部は反射されて**白色**に光って見える。

◎**平形透視式水面計**は、裏側から電灯の光を通すことにより、水面を見分ける。

◎**二色水面計**は、水面計のガラスに赤色と緑色の2光線を通過させ、光線の屈折率の差を利用したもので、**蒸気部は赤色、水部は緑色**に見える。

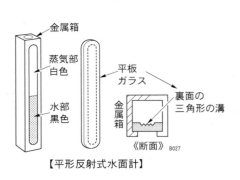

【平形反射式水面計】

【平形反射式水面計】

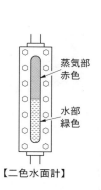

【二色水面計】

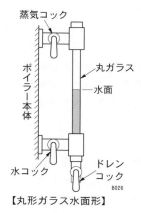

【丸形ガラス水面形】

◎**験水コック**は、ボイラー胴や水柱管などに取り付けられ、コックを開閉することで、**ボイラー水の位置**（高さ）を知るためのものである。ガラス水面計のガラス管取付位置と同等の範囲において、原則として**3箇所**に取り付けられる。

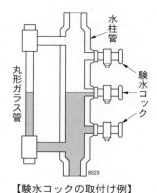

【験水コックの取付け例】

3 流量計

◎ボイラー水の供給量や燃料油の使用量などを知るためのものである。

◎**差圧式流量計**…流体が流れている管の中に、**ベンチュリ管**又は**オリフィス**などの**絞り**を挿入すると入口と出口との間に**圧力差**が生じる。この差圧は**流量の二乗に比例**するため、これを利用して流量を知ることができる。管の途中を絞ると、その部分の流れが速くなり、負圧となる。

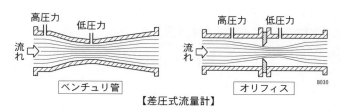

【差圧式流量計】

◎**容積式流量計**…だ円形のケーシングの中でだ円形歯車を2個組み合わせ、これを流体の流れによって回転させると歯車とケーシング壁との間にある空間部分の量だけ流体が流れる。流量は**歯車の回転数に比例**するため、回転数を測定することによって流量を知ることができる。

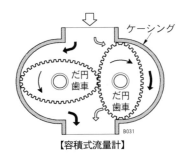

【容積式流量計】

◎**面積式流量計**…テーパ管の中を流体が下から上に流れると、テーパ管内に置かれた可動部（フロート）は**流量の変化に応じて上下する**。可動部が上方に移動するほど**テーパ管と可動部（フロート）の間の環状面積が大きくなり、流量は**この**環状面積に比例**する。従って、可動部の移動量を測定することにより流量を知ることができる。

〔用語〕テーパ（taper）先細になること。細長い小ろうそく。

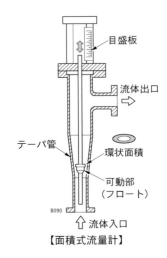

【面積式流量計】

4 通風計

◎**通風計**は、**通風力（ドラフト）を測定**するものである。通風力を測定するには、水を入れた**U字管を利用**して、計測する場所の**空気又はガスの圧力を大気の圧力と比較**する。

◎具体的には、燃焼室の炉壁に小穴を設け、ここに管を通し、外側はゴム管を介してU字管に導く。U字管の**水柱の差**から炉内の圧力を知ることができる。

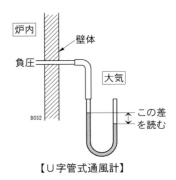

【U字管式通風計】

□**1**．ブルドン管圧力計は、原則として胴又は蒸気ドラムの一番高い位置に取り付ける。

□**2**．ブルドン管圧力計は、ブルドン管に圧力が加わり管の円弧が広がると、歯付扇形片が動いて小歯車が回転し、指針が圧力を示す。

□**3**．ブルドン管圧力計は、断面が扁平な管を円弧状に曲げたブルドン管に圧力が加わると、圧力の大きさに応じて円弧が広がることを利用している。

□**4**．ブルドン管圧力計と胴又は、蒸気ドラムとの間に水を入れたサイホン管などを取り付け、蒸気がブルドン管に直接入らないようにする。

□**5**．ブルドン管圧力計のコックは、ハンドルが管軸と同一方向になったときに開くように取り付ける。

□**6**．貫流ボイラーを除く蒸気ボイラーには、原則として、2個以上のガラス水面計を見やすい位置に取り付ける。

□**7**．ガラス水面計は、可視範囲の最下部がボイラーの安全低水面と同じ高さになるように取り付ける。

□**8**．二色水面計は、光線の屈折率の差を利用したもので、蒸気部は赤色に、水部は緑色に見える。

□**9**．丸形ガラス水面計は、主として最高使用圧力1MPa以下の丸ボイラーなどに用いられる。

□**10**．平形反射式水面計は、ガラスの前面から見ると水部は光線が通って黒色に見え、蒸気部は反射されて白色に光って見える。

□**11**．差圧式流量計は、流体が流れている管の中に絞りを挿入すると、入口と出口との間に流量に比例する圧力差が生じることを利用している。

□**12**．容積式流量計は、だ円形のケーシングの中でだ円形歯車を2個組み合わせ、これを流体の流れによって回転させると、流量が歯車の回転数に比例することを利用している。

□**13**．面積式流量計は、流体が流れている管の中に絞りを挿入すると、入口と出口との間に流量の二乗に比例する圧力差が生じることを利用している。

□**14**．U字管式通風計は、計測する場所の空気又はガスの圧力と大気圧との差圧を水柱で示す。

解答　**1**．○　**2**．○　**3**．○　**4**．○　**5**．○　**6**．○　**7**．○　**8**．○
9．○　**10**．○　**11**．×　**12**．○　**13**．×　**14**．○

9 附属装置（安全装置）

重要度　★

1 安全弁

◎**安全弁**は、ボイラー内部の圧力が一定限度以上に上昇するのを機械的に阻止し、内部圧力の異常上昇による破裂を未然に防止しようとするものである。すなわち、蒸気圧力が吹出し圧力の設定圧力に達すると自動的に弁が開いて蒸気を吹出し、蒸気圧力の上昇を防ぐ。安全弁は、**ばね式**が最も多く用いられている。

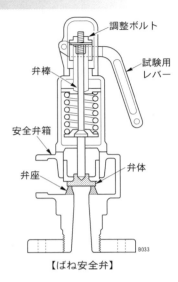

【ばね安全弁】

◎安全弁の**吹出し圧力**は、ばねの**調整ボルト**により、ばねが弁体を弁座に押し付ける力を変えることによって**調整**する。

　　調整ボルトを締める⇒吹出し圧力増大

　　調整ボルトを緩める⇒吹出し圧力低下

◎ばね安全弁は、開弁時の蒸気流量を制限する構造によって、**全量式**と**揚程式**に分類される。

◎全量式は**のど部の面積**で吹出し面積が決められる。この面積は、のど部の径を d とすると、π (d/2)² となる。全量式は、主にボイラー本体に用いられ、リフトが大きいという特徴がある。

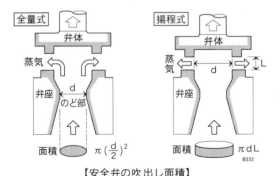

【安全弁の吹出し面積】

◎揚程式は**弁座流路面積**で吹出し面積が決められる。この面積は、弁体側の内径をd、リフトをLとすると、円筒外周の面積πdLとなる。揚程式は、主に配管途中に用いられ、リフトが小さいという特徴がある。

［解説］揚程（リフト）…弁体が弁座から上がる距離

2 安全弁の取付管台と排気管

◎安全弁の**取付管台**は、安全弁が作動したとき蒸気の流れの妨げとならないようにするため、その内径を安全弁入口径と**同径以上**とするよう定められている。

◎**安全弁軸心から安全弁の排気管中心までの距離はなるべく短くする**。これは、安全弁が作動したときに、取付管台に無理な力がかからないようにするためである。

◎**安全弁箱又は排気管の底部**には、**ドレン抜き**を設ける。更に、このドレン管には、水を常に排出するため、弁を取り付けてはならない。

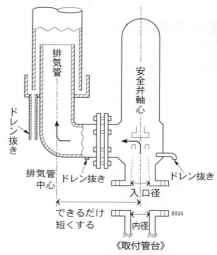

【安全弁の取付方法】

［用語］ドレン（drain）…下水管、配水管。流失。

［解説］ドレン…水蒸気が冷やされ、水になったもの。

確認テスト

□**1.** 安全弁の吹出し圧力は、ばねの調整ボルトを締めると吹出し圧力が低下する。

□**2.** 安全弁の吹出し圧力は、調整ボルトにより、ばねが弁体を弁座に押し付ける力を変えることによって調整する。

□**3.** ばね安全弁には、揚程式と全量式がある。

□**4.** 全量式安全弁の吹出し面積は、のど部面積で決められる。

□**5.** 安全弁の取付管台の内径は、安全弁入口径と同径以上とする。

□**6.** 安全弁軸心から安全弁の排気管中心までの距離はなるべく長くしなければならない。

□**7.** 安全弁箱又は排気管の底部には、ドレン抜きを設けなければならない。

解答 1. × 2. ○ 3. ○ 4. ○ 5. ○ 6. × 7. ○

10 附属装置（送気系統装置）

1 主蒸気管

◎主蒸気管は、ボイラーで発生した蒸気を使用先に送るものである。

◎長い主蒸気管には、温度の変化による伸縮を自由にするため、適切な箇所に**伸縮継手**を設けなくてはならない。

◎伸縮継手には、**湾曲形、ベローズ形、すべり形**などの種類がある。

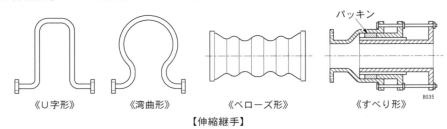

《U字形》　　　《湾曲形》　　　《ベローズ形》　　　《すべり形》

【伸縮継手】

2 主蒸気弁

◎主蒸気弁は、送気の開始又は停止を行うため、ボイラーの**蒸気取出し口**又は**過熱器**の蒸気出口に取り付けられる弁である。主蒸気弁には、次の種類のものがある。

◎**アングル弁**…蒸気入口と出口が**直角**になっている弁で、蒸気は下方から入り、横から出る。

◎**玉形弁**…蒸気入口と出口が直線上にある弁で、内部では蒸気の流れが**S字形**となる。このため、流れに伴う**抵抗**が**大きい**。

◎**仕切弁**…蒸気が直線状に流れる弁で、**抵抗**が**非常に少ない**。

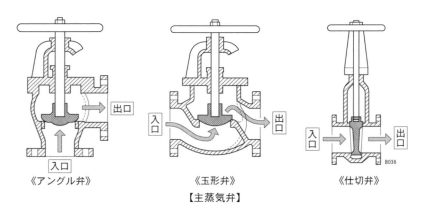

《アングル弁》　　　《玉形弁》　　　《仕切弁》

【主蒸気弁】

3 蒸気逆止め弁

◎2基以上のボイラーが蒸気出口で同一管系に連絡している場合には、一方のボイラーから他方のボイラーに蒸気が逆流するのを防ぐため、主蒸気弁の後に蒸気逆止め弁を設けるのが普通である。

【蒸気逆止め弁】

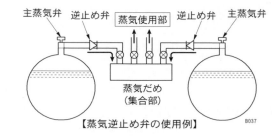

【蒸気逆止め弁の使用例】

B037

4 気水分離器（沸水防止管）

◎気水分離器は、ボイラー胴又はドラム内の蒸気と水滴を分離させるためのもので、沸水防止管や遠心式気水分離器などが使われている。

◎気水分離器を設置することで、乾き度の高い飽和蒸気を得ることができる。

◎蒸気室の頂部に主蒸気管を直接開口させると、その直下付近の気水（蒸気と水滴）が搬出されやすく、水滴の混じった蒸気が取り出されやすい。このため、低圧ボイラーには沸水防止管が用いられる。

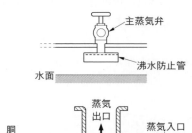

◎沸水防止管は、大径のパイプ上面に多数の穴を設け、下部にドレン用の穴を開けた構造となっている。蒸気はパイプ上面の穴から入り、蒸気流の方向を変えることによって、水滴を分離し、水滴はドレン用の穴から落ちる。

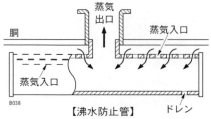

B038

【沸水防止管】

5 蒸気トラップ

◎蒸気トラップは、蒸気を使用する設備や配管にたまったドレンを自動的に排出する装置である。作動原理により分類すると、サーモスタチック方式のバイメタル式、メカニカル方式のバケット式などがある。

◎バイメタル式は、蒸気とドレンの温度差を利用してバイメタルを湾曲させ、トラップ弁を駆動する。

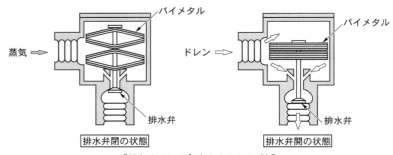

【蒸気トラップ（バイメタル式）】

［解説］バイメタル…熱膨張率の異なる２枚の細長い金属板を貼り合わせたものである。温度が上昇すると熱膨張の程度の大きい方（鉄と黄銅では黄銅）が伸びて、小さい金属板の方に湾曲する。

◎一方、メカニカル方式の蒸気トラップは、蒸気とドレンの**密度差**を利用して作動する。また、特性として**ドレンの存在**が**直接、トラップ弁**（排水弁）を**駆動**するため、作動が迅速確実で信頼性が高い。

◎**バケット式**は、内部にバケットとバケット上部に排水弁を設けた構造となっている。バケット内のドレンが多く蒸気が少ないと、バケットは沈み排水弁が開く。この状態でドレンが入口から入り込むと、水面は上昇しドレンは排水弁を通って排水される。また、蒸気が入り込むと、バケットが浮き上がり排水弁を閉じるとともに、蒸気はバケット上部のベント穴から少しずつ排出される。この後、入口からドレンが入り

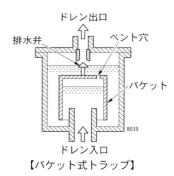

【バケット式トラップ】

込み蒸気の供給が停止すると、バケット内の蒸気はベント穴から少しずつ排出されて、バケットは沈み排水弁が開く。この結果、ドレンが排水弁から排出される。

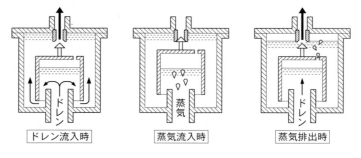

| ドレン流入時 | 蒸気流入時 | 蒸気排出時 |

6 減圧装置

◎減圧装置は、発生蒸気の圧力と使用箇所での**蒸気圧力の差が大きいとき**や使用箇所での蒸気圧力を一定にして使用したいときに用いる装置である。各種のものがあるが、一般に**減圧弁**が用いられる。

◎減圧弁を使用すると、1次側（入口側）の圧力及び流量にかかわらず、2次側（出口側）の**圧力がほぼ一定に保たれる**。但し2次側の使用がなければ2次側の圧力は1次側の圧力に近づいてくる。

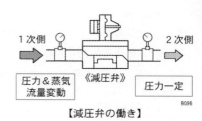

【減圧弁の働き】

確認テスト

☐1．長い主蒸気管の配置に当たっては、温度の変化による伸縮を自由にするため、湾曲形、ベローズ形、すべり形などの伸縮継手を設ける。

☐2．主蒸気弁に用いられる仕切弁は、蒸気の流れが弁体内部でS字形になるため、抵抗が大きい。

☐3．気水分離器は、蒸気と水滴を分離するため、胴又はドラム内に設けられる。

☐4．ボイラー胴の蒸気室の頂部に（　）を直接開口させると、水滴が混じった蒸気が取り出されやすいため、低圧ボイラーには、大径のパイプの上面の多数の穴から蒸気を取り入れ、蒸気流の方向を変えて分離した水滴を下部の穴から流すようにした（　）が用いられる。

☐5．沸水防止管は、大径のパイプの上面の多数の穴から蒸気を取り入れ、蒸気流の方向を変えることによって水滴を分離するものである。

☐6．蒸気トラップは、蒸気の使用設備内にたまったドレンを自動的に排出する装置である。

☐7．バケット式蒸気トラップは、蒸気とドレンの温度差を利用するもので、作動が迅速かつ確実で、信頼性が高い。

☐8．減圧弁は、発生蒸気の圧力と使用箇所での蒸気圧力の差が大きいとき又は使用箇所での蒸気圧力を一定に保つときに設けられる。

解答　1．○　2．×　3．○　4．主蒸気管 / 沸水防止管　5．○
6．○7．×　8．○

1 給水ポンプ

◎給水ポンプは、水にボイラーより高い圧力を与えてボイラーに送水する装置である。主に遠心ポンプが使用される。

◎遠心ポンプは、水を羽根車の回転により高速度で回転させ、その遠心力を利用し、水の速度を圧力に替え給水する。ディフューザポンプと渦巻ポンプに分類される。

ディフューザ ポンプ	羽根車の周辺に案内羽根をもつもの。高圧ボイラーにはポンプを直列に接続した多段ディフューザポンプが用いられる。
渦巻ポンプ	羽根車の周辺に案内羽根のないもので、一般に低圧ボイラーに使用される。

［用語］ディフューザ（diffuser）…拡散器。拡散装置。

◎渦流ポンプは、円盤状の外周に多くの溝を設けた羽根車を高速で回転させ、その溝にはさまれた水を吸込口から吐出口へと移動させる。円周流ポンプとも呼ばれる。吐出流量は少ないが、小さい駆動動力で高い揚程が得られる。小容量の蒸気ボイラーなどに用いられる。

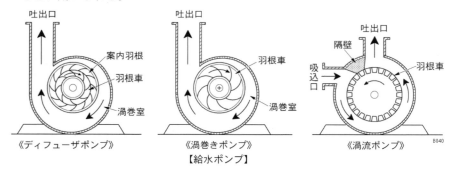

《ディフューザポンプ》　《渦巻きポンプ》　《渦流ポンプ》
【給水ポンプ】

◎インゼクタは、給水装置の一種で、蒸気の噴射力を利用して給水するものである。比較的圧力の低いボイラーに使用され、給水ポンプの予備給水用として使用される。蒸気を蒸気ノズルから噴射し水を吸い上げ、蒸気が冷やされ凝縮し、圧力差により給水される。

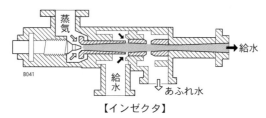

【インゼクタ】

◎給水加熱器は、タービンからの蒸気又はその他の蒸気で給水を予熱する装置をいう。

◎給水加熱器には、一般に加熱管を隔てて給水を加熱する熱交換式が用いられる。

② 給水弁と給水逆止め弁

◎ボイラー又はエコノマイザの入口には、**給水弁**と**給水逆止め弁**（チェックバルブ）を備える。給水弁は給水を止めるための弁である。給水逆止め弁は、給水ポンプの作動停止により、ボイラー水が給水ポンプ側に逆流するのを防ぐための弁である。

◎給水弁は、**アングル弁**又は**玉形弁**を用いる。（構造図：第1章 ⑩ 附属装置（送気系統装置）2. 主蒸気 参照）

◎**給水逆止め弁**は、**スイング式**と**リフト式**がある。

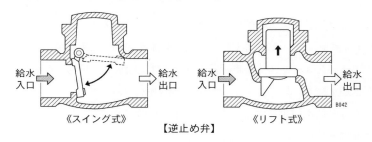

《スイング式》　　《リフト式》

【逆止め弁】

◎給水弁と給水逆止め弁をボイラーに取り付ける場合、**給水弁をボイラーに近い側に取り付ける。**これは、逆止め弁が故障した場合、給水弁を閉止することで蒸気圧力をボイラーに残したまま、逆止め弁の修理ができるようにするためである。

③ 給水内管

◎**給水内管は、長い鋼管に数多くの小さな穴を設け、先端を閉じた構造**となっている。水を送ると、小さな穴からボイラー内に分散して給水する。胴又は蒸気ドラムの**安全低水面よりやや下方に取り付ける。**この給水内管を使わずに1箇所から給水すると、その付近だけ温度が下がり、不同膨張を起こしたり、水循環をみだすおそれがある。

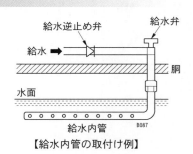

【給水内管の取付け例】

□**1.** ボイラーに給水する遠心ポンプは、多数の羽根を有する羽根車をケーシング内で回転させ、遠心作用により水に水圧及び速度エネルギーを与える。

□**2.** ディフューザポンプは、羽根車の周辺に案内羽根のある遠心ポンプで、高圧のボイラーには多段ディフューザポンプが用いられる。

□**3.** 渦巻ポンプは、羽根車の周辺に案内羽根のない遠心ポンプで、一般に低圧のボイラーに用いられる。

□**4.** 渦流ポンプは、円周流ポンプとも呼ばれているもので、大容量の蒸気ボイラーなどに用いられる。

□**5.** インゼクタは、蒸気の噴射力を利用して給水するものである。

□**6.** 給水加熱器には、一般に加熱管を隔てて給水を加熱する熱交換式が用いられる。

□**7.** ボイラー又はエコノマイザの入り口近くには給水弁と給水逆止め弁を設ける。

□**8.** 給水逆止め弁には、アングル弁又は玉形弁が用いられる。

□**9.** 給水弁と給水逆止め弁をボイラーに取り付ける場合は、ボイラーに近い側に給水弁を取り付ける。

□**10.** 給水内管は、一般に長い鋼管に多数の穴を設けたもので、胴又は蒸気ドラム内の安全低水面よりやや上方に取り付ける。

解答 **1.** ○ **2.** ○ **3.** ○ **4.** × **5.** ○ **6.** ○ **7.** ○ **8.** ×
9. ○ **10.** ×

12 附属品（吹出し装置）

◎ボイラーの給水中に含まれているカルシウム等の不純物は、ボイラー内で水の蒸発とともに次第に濃縮され、やがて沈殿物（スラッジ）となる。

◎ボイラーには、不純物等の濃度が上がった**ボイラー水の濃度を下げる**とともに**沈殿物を排出**するため、胴又は水ドラムの底部など沈殿物のたまりやすい箇所に吹出し管を取り付け、これに弁又はコックが取り付けてある。

1 吹出し弁、吹出しコック

◎吹出し管に取り付けられる弁（吹出し弁）には、スラッジなどによる故障を避けるため、玉形弁を避け**仕切弁又はY形弁**が用いられる。玉形弁（構造図：第1章 10 附属装置（送気系統装置）3. 主蒸気弁 参照）では、沈殿物をかみ込む危険性がある。Y形弁は、管と弁棒がY形をしている弁で、開弁時の水の流れが直流形となる。

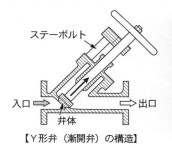

【Y形弁（漸開弁）の構造】

［解説］スラッジ（sludge）「泥」の意味であるが、ボイラーの分野ではかまどろ（軟質沈殿物）を指す。

◎**大型及び高圧ボイラー**では、**2個の吹出し弁**を直列に設け、ボイラーに近い方に**急開弁**、遠い方に**漸開弁**を取り付ける。急開弁は、全閉状態から比較的短時間で全開にできる弁で、漸開弁は、全閉状態から全開まで弁軸を多く回す必要がある弁をいう。

［用語］漸…徐々に進むこと

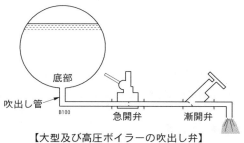

【大型及び高圧ボイラーの吹出し弁】

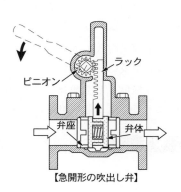

【急開形の吹出し弁】

◎小容量の低圧ボイラーでは、吹出し弁の代わりに吹出しコックが用いられることが多い。

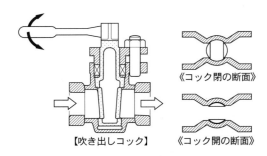

【吹き出しコック】

《コック閉の断面》

《コック開の断面》

② 連続吹出し装置

◎**連続運転ボイラー**では、ボイラー水の濃度を一定に保つように調節弁によって吹出し量を加減し、**少量ずつ連続的に**吹出す装置が用いられる。これを**連続吹出し装置**という。

◎連続吹出し装置では、ボイラー水が濃縮する胴又は蒸気ドラムの**水面近く**に吹出し管を取り付ける。

◎連続吹出しに対し、胴又は水ドラム底部などからボイラーの運転停止時などに吹出すことを**間欠吹出し**という。単に「吹出し」という場合は、この間欠吹出しを指す。

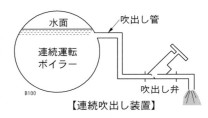

【連続吹出し装置】

確認テスト

□**1.** 吹出し管は、ボイラー水の不純物濃度を下げたり、沈殿物を排出するため、胴又はドラムに設けられる。

□**2.** 吹出し弁には、スラッジなどによる故障を避けるため、仕切弁又はY型弁が用いられる。

□**3.** 大型のボイラー及び高圧のボイラーでは、2個の吹出し弁を直列に設け、ボイラーに近い方を漸開弁、遠い方を急開弁とする。

□**4.** 小容量の低圧ボイラーでは、吹出し弁の代わりに吹出しコックが用いられることが多い。

□**5.** 連続吹出し装置は、ボイラー水の不純物濃度を一定に保つように調整弁によって吹出し量を加減し、少量ずつ連続的に吹き出す装置である。

解答 1.○ 2.○ 3.× 4.○ 5.○

13 附属設備 (温水ボイラー&暖房用ボイラー) 重要度 ★

1 温度水高計

◎水高計は、温水ボイラーの圧力を測る計器で、蒸気ボイラーの圧力計に相当する。

◎水圧は深さ 10m で 0.1MPa であることから、水高計から膨張タンク水面までの高さが約 10m である場合、水高計は約 0.1MPa を表示する。

◎温水ボイラーの温度計は、ボイラー水の温度を測るもので、一般には水高計と組み合わせた温度水高計が用いられる。温度水高計は、ボイラー水が最高温度となるところ、一般には上部温水取出し口寄りの見やすい位置に取り付ける。

【温度水高計の例】

2 逃がし管

◎温水ボイラーは水を相当な高温まで加熱するため、水の体積はかなり膨張し、ボイラー内は非常に高圧となる。このボイラー水の膨張した圧力を逃がす安全装置が、逃がし管又は逃がし弁である。

◎逃がし管は、開放形の膨張タンクを使用する場合に取り付ける。高所に開放膨張タンクを設け、ボイラーの水部と逃がし管で接続する。水が膨張し高圧になると、温水が高所の開放膨張タンクに送られる。逃がし管には、途中に弁やコックを設けてはならない。また、内部の水が凍結しないように、保温その他の措置を講じる。

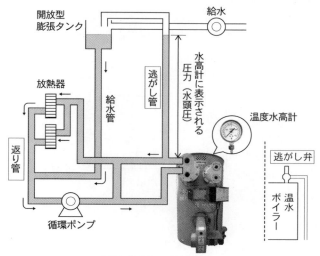

【温水ボイラー（暖房回路）の例】

◎温水暖房ボイラーでは、一般には**温水循環ポンプ**を用いて強制循環方式とすることが多い。この循環ポンプは、ボイラーで加熱された水を**放熱器に送り**、再び**ボイラーに戻す**役目をする。

3　逃がし弁

◎**逃がし弁**は、温水ボイラーで逃がし管を設けない場合、又は、水の温度が120℃以下で、膨張タンクを密閉形とした場合に用いられる。蒸気ボイラーの安全弁に相当するものである。水の膨張によって圧力が上昇すると、弁体を押し上げ外部に高圧温水を逃がす。

◎逃がし弁は、温水ボイラーに直接取り付けられる。

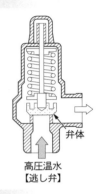

弁体

高圧温水
【逃し弁】

4　凝縮水給水ポンプ

◎凝縮水給水ポンプは、重力還水式の暖房用蒸気ボイラーで、凝縮水をボイラーに押し込むために用いられる。

5　真空給水ポンプ

◎真空給水ポンプは、**蒸気暖房装置**に広く用いられているもので、**給水ポンプと真空ポンプ**から成る。真空ポンプにより返り管内及び受水槽内を－13〜－27kPaの真空にして、放熱器を経た返り管途中の凝縮水を**受水槽に吸引**する。次いで、給水ポンプにより受水槽内の凝縮水をボイラーに**給水**する。

◎真空給水ポンプは、真空度が下がると自動的に真空ポンプが作動し、また、受水槽内の凝縮水が増えてくると自動的に給水ポンプが作動する。真空給水ポンプは、真空ポンプと給水ポンプが受水槽とともに一体化されている。

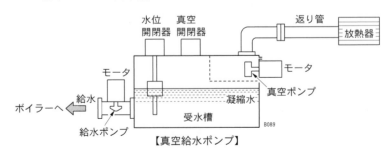

【真空給水ポンプ】

□**1.** 水高計は、温水ボイラーの圧力を測る計器であり、蒸気ボイラーの圧力計に相当する。

□**2.** 温水ボイラーの温度計は、ボイラー水が最高温度となる所で、見やすい位置に取り付ける。

□**3.** 逃がし管は、ボイラーが高圧になるのを防ぐ安全装置である。

□**4.** 逃がし管は、伝熱面積に応じて最大径が定められている。

□**5.** 温水ボイラーの逃がし管には、弁又はコックを取り付ける。

□**6.** 温水暖房ボイラーの温水循環ポンプは、ボイラーで加熱された水を放熱器に送り、再びボイラーに戻すために用いられる。

□**7.** 逃がし弁は、水の温度が120℃以下の温水ボイラーで、膨張タンクを密閉型にした場合に用いられる。

□**8.** 逃がし弁は、水の膨張により圧力が設定した圧力を超えると、弁体を押し上げ、水を逃がすものである。

□**9.** 凝縮水給水ポンプは、重力還水式の暖房用蒸気ボイラーで、凝縮水をボイラーに押し込むために用いられる。

□**10.** 暖房用蒸気ボイラーの真空給水ポンプは、返り管内を真空にして、返り管内の凝縮水を受水槽に吸引するとともに、ボイラーに給水するために用いられる。

解答　**1.** ○　**2.** ○　**3.** ○　**4.** ×　**5.** ×　**6.** ○　**7.** ○　**8.** ○
9. ○　**10.** ○

14 附属設備 (エコノマイザ&空気予熱器) 重要度 ★★

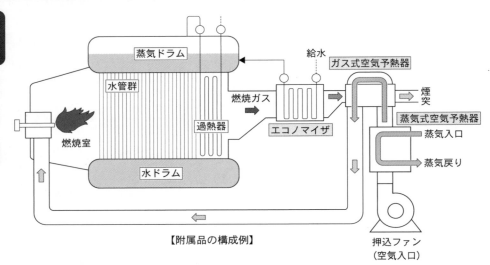

【附属品の構成例】

1 エコノマイザ

◎エコノマイザはボイラー出口煙道に設置され、煙道
ガスの余熱を回収してボイラー給水の予熱に利用する
装置である。

◎エコノマイザを設けることにより、ボイラー効率を
向上させ燃料の節約となる。ただし、エコノマイザ
を設置することによって、通風抵抗が多少増加する
ため、通風力を強くする必要がある。

◎エコノマイザ管には、燃焼ガスの性状に応じて平滑
管とひれ付き管が用いられる。平滑管は、内外面が
平滑なもので通常の管である。ひれ付き管は、管の
外面に円周状のひれが付いている管である。

◎エコノマイザは、燃料性状によって低温腐食(硫酸
腐食)を起こすことがある。低温腐食は、重油中に
含まれる硫黄分によって引き起こされる。硫黄は燃
焼すると硫黄酸化物となり、更に燃焼ガス中の水分
と反応して硫酸となる。この硫酸がエコノマイザ内
部の主に低温部を腐食させることで、低温腐食が発
生する。(第3章 9 重油ボイラーの低温腐食 参照)

[解説] エコノマイザ(economizer)と節炭器
　…燃料の石炭が節約できることから「節炭器」ともいう。

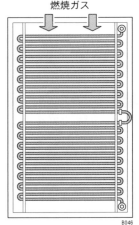

燃焼ガス

【鋼管形エコノマイザ】

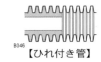

【ひれ付き管】

2 空気予熱器

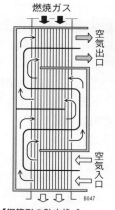

【鋼管形の熱交換式
空気予熱器（ガス式）】

◎空気予熱器は、**燃焼用空気の予熱**を行う装置である。熱源として蒸気を用いるものと、エコノマイザと同じく煙道ガスの余熱を利用するものとがある。**蒸気式空気予熱器を使用しているものは、ガス式空気予熱器の入口側に設け、ガス式空気予熱器の伝熱面温度が低くなり過ぎないようにし、燃焼ガスの温度低下を防いでいる。（第3章 ⑨ 重油ボイラーの低温腐食 参照）

◎空気予熱器の利点

①ボイラーの効率が上昇する。
②燃焼状態が良好になる。
③燃焼室内温度が上昇し、炉内伝熱管の熱吸収量が多くなる。
④水分の多い低品位燃料の燃焼に有効である。

◎空気予熱器の欠点

①通風抵抗が増加し、空気を送り込むため大きな力が必要になる。
②通風抵抗が増加すると燃焼温度が高くなり、**窒素酸化物（NOx）の発生が増加する。**

確認テスト

☐ **1**．エコノマイザは、煙道ガスの余熱を回収して給水の予熱に利用する装置である。

☐ **2**．エコノマイザには、一般に鋼管形が用いられる。

☐ **3**．エコノマイザを設置すると、ボイラー効率を向上させ燃料の節約となる。

☐ **4**．エコノマイザを設置すると、通風抵抗が減少し動力の節約となる。

☐ **5**．エコノマイザ管には、平滑管やひれ付き管が用いられる。

☐ **6**．エコノマイザは、燃料性状によっては、低温腐食を起こすことがある。

☐ **7**．空気予熱器を設置する利点の1つは、燃焼状態が良好になることである。

☐ **8**．空気予熱器を設置する利点の1つは、炉内伝熱管の熱吸収量が多くなることである。

☐ **9**．空気予熱器を設置する利点の1つは、通風抵抗が増加することである。

☐ **10**．空気予熱器を設置する利点の1つは、窒素酸化物の発生を抑えられることである。

解答 　**1**．○ 　**2**．○ 　**3**．○ 　**4**．× 　**5**．○ 　**6**．○ 　**7**．○ 　**8**．○
9．× 　**10**．×

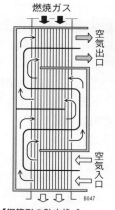
燃焼ガス
空気出口
空気入口
B047

15 ボイラーの自動制御　　重要度 ★

1 自動制御の基礎

◎ボイラーは、蒸気や温水の使用量（負荷）が変化するとその圧力や温度、水位など
が変化するため、その変化に応じて燃料の供給量などを調節する必要がある。

◎ボイラーの自動制御は、圧力や温度、水位などの変化を検出して、これらの値が許
容範囲内に収まるように、燃料量や給水量などを自動的に増減する操作である。

◎自動制御では、一定範囲内の値に抑えるべき量を制御量といい、そのために操作す
る量を操作量という。

◎例えば、蒸気圧力を一定に制御するためには、蒸気の使用量に応じて、ボイラーに
供給する燃料量と空気量を調整しなくてはならない。この場合、蒸気圧力が制御量
の対象となり、燃料量と空気量が操作量となる。

◎ボイラーの蒸気圧力又は温水温度を一定にするように、燃料供給量及び燃焼用空気
量を自動的に調節する制御を自動燃焼制御（ACC）という。

◎制御量と操作量の組合せをまとめると、次のとおりとなる。

制御量	操作量
①蒸気圧力	燃料量及び燃焼用空気量
②蒸気温度	過熱低減器の注水量又は伝熱量
③温水温度	燃料量及び燃焼用空気量
④ボイラー水位	給水量
⑤炉内圧力	排出ガス量
⑥空燃比	燃料量及び燃焼用空気量

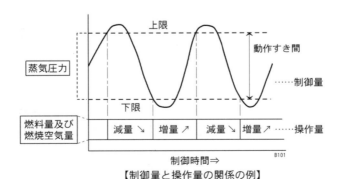

【制御量と操作量の関係の例】

◎燃料量及び燃焼用空気量は、燃料調節弁及び空気量調整ダンパなどにより、その量
を調整する。

◎②の**過熱低減器**は、過熱蒸気の温度を低減するもので、蒸気流路中に純水をスプレー注入し、その水量を加減して過熱蒸気の温度を調節する。伝熱量は、過熱器に対するもので、過熱器を通過する燃焼ガス量を増減させることにより、蒸気温度を調整する。

◎⑤の炉内圧力は、燃焼ガスの排出通路にバルブを設置し、このバルブを開閉操作することにより、排出ガス量を増減して調整する。

◎⑥の空燃比は、ボイラーに供給する燃料量と燃焼用の空気量の比を表す。この比を適切に調整することで、良好な燃焼が得られる。

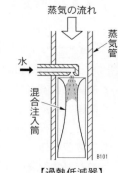

【過熱低減器】

確認テスト

☐ **1.** ボイラーの状態量として設定範囲内に収めることが目標となっている量を操作量といい、そのために調節する量を制御量という。

☐ **2.** ボイラーの蒸気圧力又は温水温度を一定にするように、燃料供給量及び燃焼用空気量を自動的に調節する制御を自動燃焼制御（ACC）という。

☐ **3.** ボイラーの自動制御における制御量とそれに対する操作量との組み合わせとして、誤っているものは次のうちどれか。

制御量	操作量
1．蒸気圧力	燃料量及び燃焼空気量
2．温水温度	燃料量及び燃焼空気量
3．ボイラー水位	蒸気流量
4．炉内圧力	排出ガス量
5．空燃比	燃料量及び燃焼空気量

解答　**1.** ×　**2.** ○　**3.** 3

16 ボイラーの自動制御（制御の方法）重要度 ★★

第1章 構造に関する知識

❤ フィードバック制御

◎ボイラーの自動制御には、**フィードバック制御**が使用される。操作の結果、得られた制御量の値を目標値と比較し、それらを一致させるように更に訂正動作を繰り返す制御である。

◎フィードバック制御は、その制御動作により次の5種類の方法がある。

◎**オンオフ動作による制御**では、制御偏差の値により**操作量が2つの定まった値のいずれか（オン又はオフ）をとる**制御を行う。

◎例えば**蒸気圧力制御**の場合、蒸気圧力の変動に応じて**燃焼又は燃焼停止のいずれかの状態をとる**。ボイラーの燃焼を開始して、次第に蒸気圧力が上昇し、やがて上限圧力に達すると燃焼を停止する。この後、蒸気圧力が次第に低下し、設定圧力に至ると燃焼を再開する。

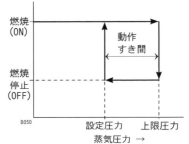

【オンオフ動作による蒸気圧力制御】

◎**ハイ・ロー・オフ動作による制御**では、設定圧力を2段階に分けて行う。蒸気圧力制御の場合、蒸気圧力の変動によって、**高燃焼、低燃焼、燃焼停止**のいずれかの状態をとる。蒸気圧力が低圧設定圧力に達すると、高燃焼から低燃焼に切り替わり、更に圧力が上昇して高圧設定圧力になると、燃焼を停止する。

◎**比例動作による制御（P動作）**では、**偏差の大きさに比例して操作量を増減する**ように動作する。従って、偏差が小さいときは操作量の変化も少なく、偏差が大きくなると操作量の変化も多くなる。比例動作による制御では、負荷の変動などや経年劣化などにより、制御後に目標値と現在値との間にわずかな差が生じることがある。これを**オフセット**という。

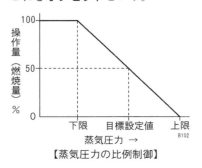

【蒸気圧力の比例制御】

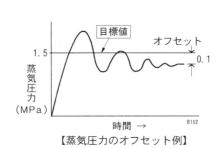

【蒸気圧力のオフセット例】

◎例えば、蒸気圧力の制御で燃焼量50％のときの目標値が1.5MPaに設定されている場合、時間の経過とともに蒸気圧力は1.5MPaに近づいていく。しかし、負荷の変動等で燃焼量60％にしても蒸気圧力は1.4MPaしか得られないとした場合、この状態は永続的に続くことになり、オフセットは0.1MPaとなる。

［用語］オフセット（offset）…補正。埋め合わせ。

◎積分動作による制御（Ｉ動作）では、偏差の時間的積分に比例して（制御偏差量に比例した速度で）操作量を増減するように動作する。比例動作による制御でわずかにオフセットが現れた場合、オフセットがなくなるように制御する。

◎例えば、上記の比例動作による制御で0.1MPaのオフセットが生じている場合、このオフセット量に応じた速さで燃焼量を60％以上に増やしていく。この結果、蒸気圧力はゆっくりと1.5MPaに近づいていく。

◎微分動作による制御（D動作）では、偏差が変化する速度に比例して操作量を増減するように動作する。例えば、負荷の大きな変動により蒸気圧力が一気に増加又は減少したとする。微分動作による制御では、変化した後の蒸気圧力ではなく、蒸気圧力の変化する速度に応じて、素早く燃料量と空気量を増減する。負荷が変動しても、目標値に対する追従性が良くなる。特に給水による温度低下の場合では、温度の大幅な低下を検出した時点で、燃焼量と空気量を増やし、温水温度の低下を抑えることができる。

［参考］比例＋積分動作による制御＝PI動作

　　　　比例＋積分＋微分動作による制御＝PID動作

🔥 シーケンス制御

◎シーケンス制御とは、あらかじめ定められた順序に従って、制御の各段階を順次進めていく制御である。

◎小容量ボイラーでは、例えば次のようにシーケンス制御が進められていく。

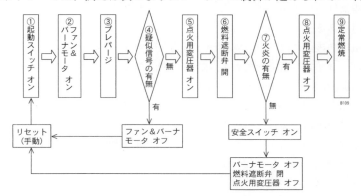

【シーケンス制御のフローチャート例】

▶①〜③

起動スイッチオンでファン及びバーナモータが回転を始め、プレパージを行う。

▶④

疑似信号とは、火炎検出器が検出している正常ではない火炎の信号、又は火炎がないにもかかわらず火炎があるかのような信号をいう。疑似信号がある場合、オン中のファンとバーナモータをオフにして、リセット工程を戻す。

▶⑤〜⑥

疑似信号がない場合、点火変圧器をオンにして、燃料遮断弁を開く。この結果、バーナから噴射された燃料が直ちに点火され、火炎が広がる。

▶⑦

一定時間の経過後、火炎検出器により火炎の有無を確認する。火炎がない場合、安全スイッチは点火の失敗とみなして、バーナモータオフ、燃料遮断弁閉、点火用変圧器オフとする。

▶⑧

火炎検出器により火炎のあることが確認できた場合、点火用変圧器をオフにして、点火用火花の発生を停止する。

◎シーケンス制御では、あらかじめ定められた条件を満たさないと、その段階で制御を中止し次の段階に移行できないよう設定してある。これを**インタロック**という。

◎シーケンス制御回路では、主に次の電気部品が使われる。

［用語］シーケンス（sequence）…連続するもの。順番。

インタロック（interlock）…連結する。結合する。組み合う。

1　電磁継電器（電磁リレー）

◎**電磁継電器（電磁リレー）**は、鉄心に巻かれたコイルと、可動接点及び固定接点を備えている。コイルに電流を通すと鉄心が励磁され、吸着片を引きつけることによって接点が切り替わる。

◎電磁継電器に電流が流れて吸着片を引きつけることを**作動**するといい、ばねの力によって接点が作動以前の状態に戻ることを**復帰**するという。

◎電磁継電器は、コイルに流す少ない電流で、大きな電流のオンオフ操作ができるという利点がある。

◎電磁継電器の接点には、メーク接点（ a 接点）とブレーク接点（ b 接点）がある。**メーク接点**は、コイルに電流が流れてリレーが励磁した場合に閉となり、電流が流れずリレーが非励磁のときには開となっている。また、**ブレーク接点**は、コイルに電流が流れた場合に開となり、電流が流れないときに閉となっている。

◎ブレーク接点を用いることによって、入力信号に対し出力信号を反転させることができる。コイル側の入力信号を ON にすると、接点側の出力信号は OFF となる。

［用語］メーク（make）…作る。回路の接続。

ブレーク（break）…中断。断線。開回路。

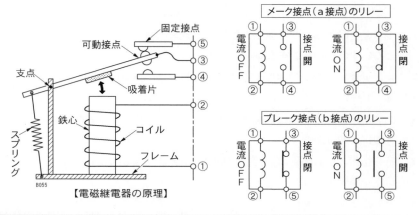

【電磁継電器の原理】

2 タイマ

◎タイマは、適当な時間遅れをとって接点を開閉するリレーである。シーケンス制御回路に多く利用される。

3 リミットスイッチ

◎リミットスイッチは、物体の位置を検出し、その位置を制御するために用いられるスイッチで、機械的変位を利用するマイクロスイッチと、直接物体に接触しないで電磁界の変化によって位置を検出する近接スイッチがある。

［用語］リミット（limit）…限度。制限。

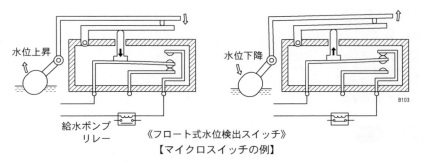

《フロート式水位検出スイッチ》
【マイクロスイッチの例】

67

□**1.** オンオフ動作による蒸気圧力制御は、蒸気圧力の変動によって、燃焼、燃焼停止のいずれかの状態をとる。

□**2.** ハイ・ロー・オフ動作による蒸気圧力制御は、蒸気圧力の変動によって、高燃焼、低燃焼、燃焼停止のいずれかの状態をとる。

□**3.** 比例動作による制御は、偏差が変化する速度に比例して操作量を増減するように動作し制御を行う。

□**4.** 積分動作による制御は、偏差の時間的積分に比例して操作量を増減するように動作し制御を行う。

□**5.** 微分動作による制御は、偏差が変化する速度に比例して操作量を増減するように動作する制御で、PI動作ともいう。

□**6.** シーケンス制御は、あらかじめ定められた順序に従って、制御の各段階を順次進めていく制御である。

□**7.** 電磁継電器は、電流が流れて吸着片を引きつけることによって作動し、ばねの力で接点が作動以前の状態に戻ることにより復帰する。

□**8.** 電磁継電器のブレーク接点は、コイルに電流が流れると閉になり、電流が流れないと開となる接点である。

□**9.** 電磁継電器のブレーク接点を用いることによって、入力信号に対して出力信号を反転させることができる。

□**10.** タイマは、適当な時間遅れをとって接点を開閉するリレーで、シーケンス回路によって行う自動制御回路に多く利用される。

□**11.** リミットスイッチは、物体の位置を検出し、その位置を制御するために用いられるもので、マイクロスイッチや近接スイッチがある。

解答 **1.** ○ **2.** ○ **3.** × **4.** ○ **5.** × **6.** ○ **7.** ○ **8.** ×
9. ○ **10.** ○ **11.** ○

17 ボイラーの自動制御 （圧力制御）　重要度 ★

🔥 蒸気圧力制御

◎ボイラーの蒸気圧力制御に用いる装置は、蒸気圧力調節器（オンオフ式、比例式）、蒸気圧力制限器などがある。

1 オンオフ式蒸気圧力調節器

◎オンオフ式蒸気圧力調節器（電気式）は、蒸気圧力により調節器内の**マイクロスイッチ**等がオンオフして、それに応じて**燃料遮断弁が開閉**するようになっている。

【オンオフ式圧力調節器】

◎オンオフ式蒸気圧力調節器では、作動する蒸気圧の上限値と下限値、すなわち**動作すき間の設定**が必要となる。例えば、設定圧力を0.8MPa、動作すき間を0.04MPaと設定した場合、蒸気圧力が0.84MPaに達すると、調節器内のマイクロスイッチの接点が開いて燃料遮断弁を閉じる。この結果、ボイラーの燃焼は停止し、蒸気圧力は0.84MPaを超えることはない。やがて蒸気圧力が0.8MPaまで低下すると、調節器内のマイクロスイッチの接点が閉じて燃料遮断弁を開く。この結果、ボイラーの燃焼は再開し、蒸気圧力は0.8MPaより下がることはない。

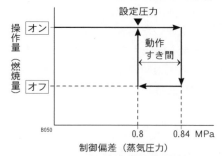

【オンオフ動作による制御例】

◎オンオフ式蒸気圧力調節器には、圧力によって伸縮する**ベローズ**が圧力入口にあり、これをばねが押さえている。ベローズが伸縮すると作動レバーが移動し、マイクロスイッチの接点を開閉する構造となっている。

[用語] ベローズ（bellows）…蛇腹。ふいご。

◎オンオフ式蒸気圧力調節器は、蒸気が直接ベローズに侵入してベローズ及び機器本体が過度に加熱されるのを防ぐため、水を満たした**サイホン管**を介してボイラーに取り付ける。

《蒸気圧力調節器》

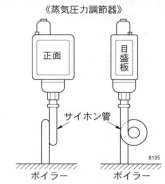

【サイホン管の取付け】

第1章 構造に関する知識

69

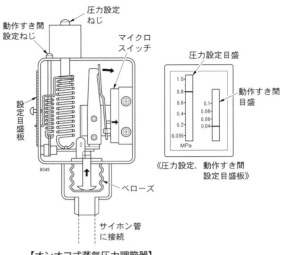

【オンオフ式蒸気圧力調節器】

2 蒸気圧力制限器

◎蒸気圧力制限器は、ボイラーの蒸気圧力が異常に上昇した場合、直ちに燃料の供給を遮断して安全を確保するためのものである。

◎蒸気圧力制限器は、一般にオンオフ式圧力調節器を使用している。

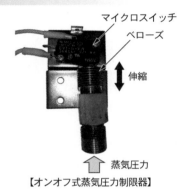

【オンオフ式蒸気圧力制限器】

3 比例式蒸気圧力調節器

◎比例式蒸気圧力調節器は、一般にコントロールモータとの組合せにより、比例動作によって蒸気圧力の調節を行う。

◎蒸気圧力の設定値と、検出する蒸気圧力との偏差が大きくなるほど、コントロールモータの操作量も増大する。コントロールモータは

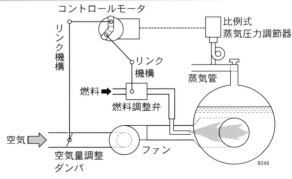

【比例式蒸気圧力調節器による調節】

リンク機構を介して、燃料調節弁により燃料量を、空気量調整ダンパにより燃焼用空気量を同時に調節する。

◎比例式蒸気圧力調節器は、ベローズに圧力が作用すると、ワイパーとの接点がすべり抵抗器を左右に移動して電気抵抗が変化する。この変化を電圧の変化に置き換えて、コントロールモータに出力する。

◎比例式蒸気圧力調節器は、圧力設定ねじで制御の開始圧力を、**比例帯**設定ねじで比例帯の上限圧力をそれぞれ設定する。

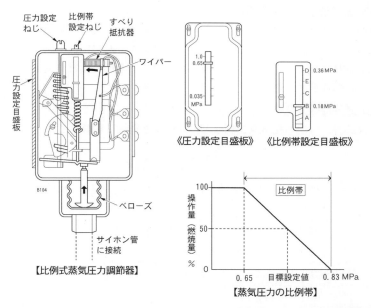

【比例式蒸気圧力調節器】

《圧力設定目盛板》　《比例帯設定目盛板》

【蒸気圧力の比例帯】

◎**比例帯**は、制御圧力の下限値と上限値の範囲をいう。例えば、図の比例式蒸気圧力調節器で圧力設定を 0.65MPa、比例帯の設定を 0.18MPa にした場合、比例帯の圧力は 0.65MPa ～ 0.83MPa となる。

【比例式蒸気圧力調節器】

71

🔥 燃焼制御

◎蒸気圧力調節器や温水温度調節器などからの信号に応じて燃料量を調節し、それに伴い燃焼用空気量を加減して空燃比を最適に保つ装置を燃焼制御装置という。

1 ダンパ開度調節器

◎駆動源として油圧、電気などを利用している。オンオフ動作やハイ・ロー・オフ動作及び多位置動作を利用した制御に用いられる。

2 空気・燃料比制御機構

◎比例動作を利用した制御には、一般にリンク装置を使った空気・燃料比制御が用いられる。これによりコントロールモータの動きを、流量特性の異なる燃料調節弁と空気ダンパに伝え、どのような部分負荷においても燃料量と空気量の比率を適切に保ち、良好な燃焼が維持できるように調節する。

3 コントロールモータ

◎燃料調節弁、燃焼用空気ダンパなどの開度を連続的に調節する操作器である。

確認テスト

□1．オンオフ式蒸気圧力調節器（電気式）は、水を入れたサイホン管を用いてボイラーに取り付ける。

□2．蒸気圧力制限器は、ボイラーの蒸気圧力が異常に上昇した場合などに、直ちに燃料の供給を遮断するものである。

□3．蒸気圧力制限器には、一般に比例式圧力調節器が用いられている。

□4．比例式蒸気圧力調節器は、一般に、コントロールモータとの組合せにより、比例動作によって蒸気圧力の調節を行う。

□5．比例式蒸気圧力調節器では、比例帯の設定を行う。

解答 1. ○ 2. ○ 3. × 4. ○ 5. ○

18 ボイラーの自動制御 （温度制御） 重要度 ★

♨ 温度制御

◎ボイラーの温度制御の対象となるのは、温水ボイラーの**温水温度**、重油の加熱温度、過熱器の蒸気温度、空気予熱器の温度などである。

◎温水ボイラーに使われる**オンオフ式温度調節器（電気式）**は、調節器本体、液体を密封した**感温体**及びこれらを連結する**導管**から成る。感温体に封入する液体は、膨張率が大きいトルエン、エーテル、アルコールなどが用いられる。

◎温度が変化すると、**感温体内の液体が膨張又は収縮**し、これが調節器内の**ベローズ又はダイヤフラム**を伸縮させ、**マイクロスイッチ**の接点を開閉する仕組みとなっている。

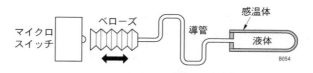

【オンオフ式温度調節器の作動原理】

◎温度調節器は、一般に**調節温度の設定及び動作すき間の設定**を行う。例えば、調節温度を80℃、動作すき間を5℃に設定した場合、温度が85℃になると燃焼が停止し、その後80℃に低下すると燃焼を再開する。

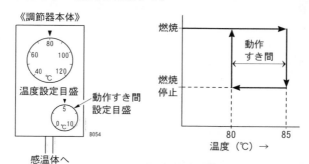

【調整温度と動作すき間の設定例】

◎感温体は、**ボイラー本体に直接**取り付けるか、又は**保護管**を用いて取り付ける。保護管を用いて取り付ける場合は取付強度が増すが、温度変化に対する応答速度が遅くなるため、保護管内に**シリコングリス**などを挿入し感度を良くする。

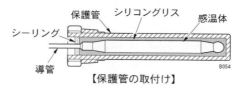

【保護管の取付け】

◎感温体以外の温度調節器として、**バイメタル**を使用したオンオフ式温度調節器などがある。バイメタルが温度によって湾曲すると、スイッチの接点を閉じる構造となっている。

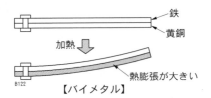

鉄
黄銅
加熱
熱膨張が大きい
B122
【バイメタル】

確認 テスト

□1. オンオフ式温度調節器（電気式）は、調節器本体、感温体及びこれらを連結する導管で構成される。

□2. 感温体内の液体には、一般にトルエン、エーテル、アルコールなどが用いられる。

□3. ベローズは、蒸気圧力調節器の構成部分である。

□4. 感温体内の液体は、温度の上昇・下降によって膨張・収縮し、ベローズ又はダイヤフラムを伸縮させ、マイクロスイッチを開閉させる。

□5. オンオフ式温度調節器（電気式）は、一般に調節温度の設定及び動作すき間の設定を行う。

□6. 感温体は、必ず保護管を用いて取り付けなければならない。

□7. 保護管内にシリコングリスなどを挿入して感度を良くする。

解答　　1. ○　2. ○　3. ○　4. ○　5. ○　6. ×　7. ○

19 ボイラーの自動制御 （水位制御） 重要度 ★

♨ 水位制御

◎水位制御は、蒸気の負荷が変動した場合に、それに応じて給水量を調節し、ボイラーの水位を一定に保つものである。

◎ドラム水位の制御方式には単要素式、2要素式及び3要素式がある。

◎単要素式は、ドラム水位だけを検出し、その変化に応じて給水量を調節する方式である。簡単な制御方式であるが、負荷変動が激しいときは良好な制御ができない。

◎2要素式は、水位のほかに蒸気流量を検出し、両者の信号を総合して操作部へ伝える方式である。

◎3要素式は、水位と蒸気流量に加え給水流量も検出し、蒸気流量と給水流量とに差が生じると、直ちに制御動作を開始するようにした方式である。

1 フロート式水位検出器

◎フロート式水位検出器は、フロート室（フロートチャンバ）の中にフロートを設け、ボイラー水位の上昇・下降に伴ってフロートが上下すると、リンク機構を介してマイクロスイッチがオンオフする構造となっている。構造が簡単で取扱いが容易であるなどの特徴がある。（点検及び整備は、「第2章 13 附属品（自動制御装置）1.水位検出器」参照）

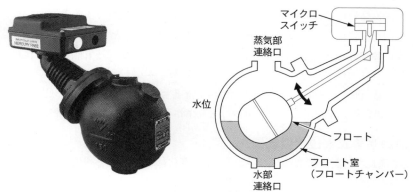

【フロート式水位検出器】

2 電極式水位検出器

◎電極式水位検出器は、電極を検出筒（水柱管）に挿入し、電極に流れる電流の有無によって水位を検出する。

◎この検出器は構造が簡単で、電極数を増やすことによって任意の信号が得られる特徴がある。ただし、蒸気の凝縮によって検出筒内部の**水の純度が高くなってくる**と水の導電性が低下し、検出器が**正常に作動しなくなる**という欠点がある。

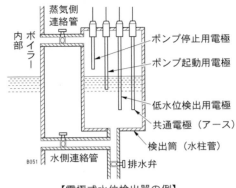

【電極式水位検出器の例】

（図中ラベル）
- 蒸気側連絡管
- 内部 ボイラー
- ポンプ停止用電極
- ポンプ起動用電極
- 低水位検出用電極
- 共通電極（アース）
- 検出筒（水柱管）
- 水側連絡管
- 排水弁

3 水位検出器の取付け上の注意事項

①水位検出器は原則として、2個以上取り付け、水位検出方式は互いに異なるものが望ましい。

②水側連絡管は、他の水位検出器の水側連絡管と**共用しない**。

③水側連絡管、蒸気側連絡管及び排水管に設けるバルブ又はコックは、開閉状態が外部から明確に識別できるものであること。

④水側連絡管に設けるバルブ又はコックは、**直流形の構造**とすること。

⑤水側連絡管には、呼び径 20A 以上の管を使用すること。

⑥水位検出器（差圧式のものを除く。）の水側連絡管及び蒸気側連絡管には、それぞれ弁又はコックを直列に2個以上設けないこと。

［解説］直流形の構造のバルブとは、急開弁、Y 形弁、仕切弁を指す。

呼び径 20A とは、配管の外径が 27.2mm（JIS）であることを表す。

4 熱膨張管式水位調整装置

◎熱膨張管式水位調整装置は、金属管の温度の変化による**伸縮**を利用したものである。線膨張係数の大きな金属製膨張管が傾斜して取り付けられ、下部は固定され、上部は伸縮できるようにしてあり、その先端にはレバーが取り付けられている。

◎熱膨張管の内部には、ボイラーの水位と同じになるように水と蒸気が導かれている。水位が下降して膨張管により多くの水蒸気が流れ込むと、温度が上昇し膨張管が伸びる。この動きはレバーを介して給水調整弁に伝わり、弁の開度を増す。

◎熱膨張管式水位調整装置は、**電力などの補助動力を必要としないで**給水量を調整するため、**自力式制御装置**といわれている。

◎熱膨張管式水位調整装置には、ボイラー水位の検出のみの**単要素式**と、ボイラー水位と蒸気流量の検出を加えて給水量を調整する**二要素式**がある。

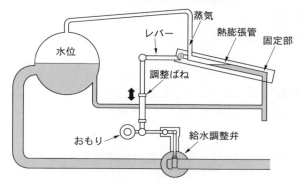

【熱膨張管式水位調整装置】

───── 確 認 テ ス ト ─────

□ 1．水位制御は、負荷の変動に応じて給水量を調節するものである。

□ 2．単要素式は、水位だけを検出し、その変化に応じて給水量を調節する方式である。

□ 3．2要素式は、水位と給水流量を検出し、その変化に応じて給水量を調節する方式である。

□ 4．電極式水位検出器は、蒸気の凝縮によって検出筒内部の水の純度が高くなると、正常に作動しなくなる。

□ 5．水位検出器は、原則として、2個以上取り付け、水位検出方式は互いに異なるものが望ましい。

□ 6．水位検出器の水側連絡管は、他の水位検出器の水側連絡管と共用しない。

□ 7．水位検出器の水側連絡管に設けるバルブ又はコックは、直流形の構造とする。

□ 8．水位検出器の水側連絡管は、呼び径 20A 以下の管を使用する。

□ 9．水位検出器の水側連絡管、蒸気側連絡管及び排水管に設けるバルブ又はコックは、開閉状態が外部から明確に識別できるものとする。

□ 10．熱膨張管式水位調整装置は、金属管の温度の変化による伸縮を利用したもので、電力などの補助動力を要しないので自力式制御装置といわれる。

解答 1. ○ 2. ○ 3. × 4. ○ 5. ○ 6. ○ 7. ○ 8. ×
9. ○ 10. ○

20 ボイラーの自動制御(燃焼安全装置) 重要度 ★

燃焼安全装置

◎燃焼安全装置は、主安全制御器、火炎検出器、燃料遮断弁及び各種の事故を防止するためのインタロックを目的とする制限器から構成されている。

燃焼安全装置に求められる必要事項

◎燃焼に起因するボイラーの事故を防ぐため、燃焼安全装置に求められる要件は以下のとおりである。

①燃焼装置は燃焼が停止した後に、燃料が燃焼室内に流入しない構造のものであり、かつ、燃料漏れの点検や保守が容易にできること。
②点火前、ファンによりボイラー内の燃焼ガス側空間（煙道を含む）を十分な空気量で、プレパージする構造であること。
③ファンが異常停止した場合に、主バーナへの燃料供給を直ちに遮断する機能を持っていること。
④燃焼安全装置は、火炎検出器その他から信号を受け、確実に燃焼に起因する事故を防ぐための信号を発するものであること。
⑤燃焼安全装置は、異常消火時などに、主バーナへの燃料供給を直ちに遮断し、かつ、手動による操作をしない限り再起動できない機能を備えていること。
⑥灯油などの軽質燃料油及びガス燃料を使用するボイラーには、燃料遮断弁を二重に設ける事が望ましいこと。

1 主安全制御器

◎主安全制御器は、出力リレー、フレームリレー、安全スイッチの3つの主要部分から成る。

◎出力リレーは、起動又は停止の信号を受けると、バーナモータなど関連機器の起動又は停止の信号を出力する。

◎フレームリレーは、火炎検出器からの信号を受けて作動する。火炎がない場合は作動を停止し、火炎がある場合は次の作動に移る。

【主安全制御器の構成】

火炎検出器

増幅回路	→	フレームリレー
安全スイッチ	→	出力リレー	← スイッチ調節器
シーケンスタイマ		

↓ バーナ回路へ

◎安全スイッチは、ある一定時間内に火炎が検出されないと、点火の失敗と見なして燃料の供給を停止する。

［用語］フレーム（flame）…炎。火炎。骨組みのフレームは「frame」

78

2 火炎検出器

◎**火炎検出器**は、火炎の有無又は強弱を検出し、これを電気信号に変換するものである。燃料の種類（油、ガスなど）、燃焼方式（圧力噴霧式、蒸気又は空気噴霧式、回転式）、燃焼量などを考慮して適切なものを選択しなければならない。

◎**フォトダイオードセル**は、光が当たると起電力を発生する**光起電力効果**を利用したもので、**油バーナに多く使用される。油バーナは火炎が明るい**という特性がある。一方、ガスバーナは火炎が青く明るさが弱いため、ガスバーナの火炎の検出には適さない。光

【可視光火炎検出器】

起電力効果とは、物質に光を照射することで起電力が発生する現象である。

［用語］フォト（photo-）…「光・写真」の連結形
　　　　セル（cell）…電池。小部屋。

◎フォトダイオードセルは、P型半導体とN型半導体が接合した構造となっており、接合部に光を照射すると、P型が正極、N型が負極となって外部に電流を取り出すことができる。

【フォトダイオードセル】

◎**硫化鉛セル**は、硫化鉛の抵抗値が火炎のちらつき（フリッカ）によって変化するという**電気的な特性を利用**して火炎の検出を行う。セルに当たる光が多ければ、抵抗値は低くなる。フリッカにより抵抗値は短時間に増減するため、これにより火炎の有無が検出できる。主に**蒸気噴霧式バーナ**に用いられる。

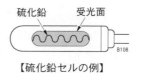

【硫化鉛セルの例】

［用語］フリッカ（flicker）…揺らめく炎・光。ちらつき。点滅ライト。

◎**整流式光電管**は、金属の薄膜に光を照射すると、その金属面から光電子を放出する**光電子放出現象**を利用して火炎の検出を行う。反応する光は、可視光線から赤外線領域である。このため、油燃焼炎の検出に使用され、青色のガス燃焼炎には適さない。なお、光電子は光の照射により、物質表面から外部に放射される電子をいう。

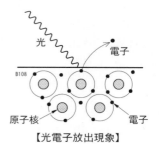

【光電子放出現象】

◎**紫外線光電管**は、整流式光電管と同じ光電子放出現象を利用した検出器である。ただし、整流式と比べ、**非常に感度が良く、安定している**。更に、紫外線のうち特定範囲の波長だけに反応するため、炉壁の放射による誤作動もなく、**すべての燃料**の燃焼炎に用いられる。

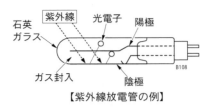

【紫外線放電管の例】

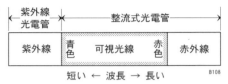

短い ← 波長 → 長い

【光電管による光の検出範囲】

◎**フレームロッド**は、**火炎の導電作用を利用した火炎検出器**である。火炎の中にプラスとマイナスの電極（フレームロッド）を挿入し電圧を加えると、火炎のある場合は電流が流れ、無い場合には電流が流れない。これを火炎の導電作用という。実際のバーナでは、バーナ自体にマイナス側のフレームロッドの機能をもたせている場合があり、この場合はフレームロッドが1本で構成されている。

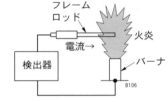

【フレームロッドによる火炎の検出】

◎燃焼過程での火炎内は、燃料分子の化学電離による無数の電子と陽イオンが存在していて、これが火炎の導電性を表すもとになっている。フレームロッドは点火用のガスバーナに多く使用される。

［用語］ロッド（rod）…（細くてまっすぐな）棒。さお。

3 点火装置

◎自動運転のボイラーでは、ほとんどが**スパーク式点火装置**を採用している。スパーク点火方式は、**点火用変圧器（イグナイタ）**によって 7,000 ～ 15,000 ボルト程度の高電圧を利用して点火プラグ（スパークプラグ）にスパークを発生させ主燃料又は点火用バーナから出てくる燃料に着火させるものである。

◎点火装置は、直接主バーナに点火する直接点火方式のものと、点火用バーナを使用し、その点火炎によって主バーナに点火するパイロット点火方式のものがある。

[用語] パイロット（pilot）
　…水先案内人。操縦する。導く。

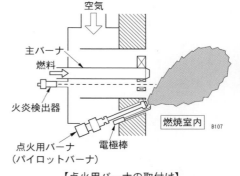

【点火用バーナの取付け】

◎点火用電極の位置及び電極の間げきは、主として点火用変圧器の容量並びに電極に加えられる電圧によって決まり、製造者により定められている。

確認テスト

□**1**．燃焼装置には、主安全制御器、火炎検出器、燃料遮断弁などで構成される信頼性の高い燃焼安全装置が設けられていること。

□**2**．燃焼装置は、燃料漏れの点検・保守が容易な構造のものであること。

□**3**．燃焼安全装置は、ファンが異常停止した場合に、主バーナへの燃料の供給を直ちに遮断する機能を有するものであること。

□**4**．燃焼安全装置は、異常消火の場合に、主バーナへの燃料の供給を直ちに遮断し、修復後は手動又は自動で再起動する機能を有するものであること。

□**5**．フォトダイオードセルは、火炎の導電作用を利用した検出器で、ガス燃焼炎の検出に用いられる。

□**6**．硫化鉛セルは、硫化鉛の抵抗が火炎のフリッカによって変化する電気的特性を利用した検出器で、主に蒸気噴霧式バーナなどに用いられる。

□**7**．整流式光電管は、光電子放出現象を利用した検出器で、ガス燃焼炎の検出には適さないが、油燃焼炎の検出に用いられる。

□**8**．紫外線光電管は、光電子放出現象を利用した検出器で、感度がよく安定していて、炉壁の放射による誤作動もなく、すべての燃料の燃焼炎の検出に用いられる。

□**9**．フレームロッドは、火炎の導電作用を利用した検出器で、点火用のガスバーナに多く用いられる。

解答　　**1**．〇　**2**．〇　**3**．〇　**4**．×　**5**．×　**6**．〇　**7**．〇　**8**．〇
9．〇

第2章　取扱いに関する知識

1 運転操作 （点火前と点火時） 重要度 ★★★

🖐 点火前の点検・準備

◎ボイラーの点火時には低水位事故等が起きないように、次の確認を行わなければならない。

①水面計によって水位の確認をする。水位が常用水位よりも低い場合は給水を行い、高い場合は吹出しを行って常用水位に調整する。

②水柱管に験水コックが取り付けてある場合には、水部にあるコックから水が噴き出すことを確認する。

③水面計が水柱管に取り付けてある場合には、水面計とボイラー間の連絡管の止め弁、コックが正しく開いているかを確認する。

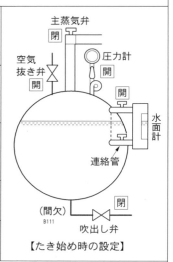

【たき始め時の設定】

④運転前に吹出し弁と吹出しコックを操作し、正常にボイラー水が排出できるか確認し、吹出し弁と吹出しコックを確実に閉める。

⑤圧力計の指針の位置を点検し、残針がある場合は予備の圧力計と取り替える。ボイラーの圧力を確認するため、圧力計のコックは開いておく。

⑥胴の空気抜き弁は、蒸気が発生し始めるまで開いておく。

⑦主蒸気弁は、ボイラーの圧力を上げるため閉じておく。

⑧煙道の各ダンパを全開にしてファンを運転し、炉及び煙道内の換気を行う。

⑨自動制御装置の水位検出器は、水位を上下して機能を試験する。給水ポンプが正確に、設定された水位の上限で停止し、下限で起動すること、又は調節弁の開閉が行われることを確認する。

フロート式
水位検出器

水位

上限⇒給水ポンプ停止を確認

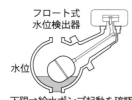

フロート式
水位検出器

水位

下限⇒給水ポンプ起動を確認

【水位検出器の機能試験】

⑩液体燃料の場合は、油タンクの油量、ガス燃料の場合はガス圧力を調べ、油量やガス圧力が適正であることを確認する。

🔥 点火

1 油だきボイラーの手動点火操作

①ファンを運転し、ダンパを点火前換気（プレパージ）の位置に設定して換気した後、ダンパを点火位置に設定し、炉内通風圧を調節する。
②点火前に、回転式バーナの場合、バーナモータを起動する。蒸気又は空気噴霧式バーナでは、噴霧用蒸気又は空気を噴射させる。
③点火用火種に点火し、これを炉内に差し込み、バーナの先端のやや前方下部に置く。
④燃料弁を開く。そして、燃料の種類及び燃焼室熱負荷の大小に応じて、燃料弁を開いてから2〜5秒間の点火制限時間内に着火させる。
⑤着火後、燃焼状態が不安定なときは、直ちに燃料弁を閉じて、ダンパを全開にする。

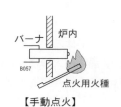

バーナ　炉内
B057
点火用火種
【手動点火】

［解説］プレパージ（pre-purge）pre は「事前の〜」を表す接頭語。purge は「浄化。（不要なものを）取り除く」。

◎バーナが2基以上ある場合の点火操作は、初めに1基のバーナに点火し、燃焼が安定してから他のバーナに点火する。バーナが上下に配置されている場合は、下方のバーナから点火する。

2 油だきボイラーの自動点火操作

◎一般に、自動点火装置は、安全制御装置と組み合わされており、主バーナ、点火バーナ、火炎検出器、主安全制御装置、圧力調節器、圧力制限スイッチ、コントロールモータ、燃料弁、油過熱器、低水位燃焼遮断装置、自動給水調整装置、自動・手動切換えスイッチ、操作盤、またオンオフ式圧力調節に点火装置や異常出火・インタロックを組み合わせたもので構成されている。

①起動スイッチを入れると安全制御器内のリレーが働き、ファンが回転して燃焼室内の換気が行われる。
②換気が終わったあと、点火時風量に調整され、点火バーナの点火用電極（プラグ）がスパークして、点火用燃料遮断弁が開いて点火バーナに点火する。（パイロット点火の場合）
③主燃料遮断弁が開き、燃料が噴射され、点火バーナによって着火させる。着火時、燃料は最低の燃焼量が噴霧され、時間経過とともに燃焼量調節と空気量調節を行って安定燃焼に移行する。
④安定燃焼に以降する間に、点火バーナの燃焼は停止し、蒸気部に取り付けられた圧力調節器の信号によって一定の圧力になるよう燃焼を行う。

3 ガスだきボイラーの手動点火操作

◎ガスだきボイラーの点火方法は、油だきボイラーと同様であるが、ガス爆発の危険性が高いため、次の項目に注意しなければならない。

①**ガス漏れ**の有無を綿密に点検する。ガス圧力が加わっている継手、コック、弁にガス漏れ検出器又は石けん液等の検出液を塗布して漏れの有無を点検する。

②**ガス圧力**が適正で、安定していることを確認する。

③**点火用火種**は火力の大きなものを使用する必要がある。

④炉内及び煙道の通風、換気は十分に行う必要がある。
（通風装置により、炉内及び煙道を十分な空気量で**プレパージ**する。）

⑤燃料弁を開いて制限時間内に**着火しない**ときは、直ちに燃料弁を閉じ、炉内を完全に換気する。

⑥着火後、**燃焼が不安定**のときは直ちに燃料の供給を止める。

確認テスト

□**1**．ボイラーをたき始めるとき、主蒸気弁は閉じておく。

□**2**．ボイラーをたき始めるとき、水面計とボイラー間の連絡管の弁・コックは閉じておく。

□**3**．ボイラーをたき始めるとき、胴の空気抜き弁は閉じておく。

□**4**．ボイラーをたき始めるとき、吹出し弁・吹出しコックは閉じておく。

□**5**．ボイラーをたき始めるとき、圧力計のコックは開けておく。

□**6**．点火前の点検・準備では、水面計によってボイラー水位が高いことを確認したときは、吹出しを行って常用水位に調整する。

□**7**．点火前の点検・準備では、験水コックがある場合には、水部にあるコックから水が出ないことを確認する。

□**8**．点火前の点検・準備では、圧力計の指針の位置を点検し、残針がある場合は予備の圧力計と取り替える。

□**9**．点火前の点検・準備では、水位を上下して水位検出器の機能を試験し、設定された水位の上限において正確に給水ポンプの起動が行われることを確認する。

□**10**．点火前の点検・準備では、煙道の各ダンパを全開にしてファンを運転し、炉及び煙道内の換気を行う。

□**11**．油だきボイラーの手動点火操作では、ファンを運転し、ダンパをプレパージの位置に設定して換気した後、ダンパを点火位置に設定し、炉内通風圧を調節する。

□ **12.** 油だきボイラーの手動点火操作では、点火前に、回転式バーナではバーナモータを起動し、蒸気噴霧式バーナでは噴霧用蒸気を噴射させる。

□ **13.** 油だきボイラーの手動点火操作では、バーナの燃料弁を開いた後、点火棒に点火し、それをバーナの先端のやや前方上部に置き、バーナに点火する。

□ **14.** 油だきボイラーの手動点火操作では、燃料の種類及び燃焼室熱負荷の大小に応じて、燃料弁を開いてから2〜5秒間の点火制限時間内に着火させる。

□ **15.** 油だきボイラーの手動点火操作では、バーナが上下に2基配置されている場合は、上方のバーナから点火する。

□ **16.** ガスだきボイラーの手動点火操作では、ガス圧力が加わっている継手、コック及び弁は、ガス漏れ検出器の使用又は検出液の塗布によりガス漏れの有無を点検する。

□ **17.** ガスだきボイラーの手動点火操作では、通風装置により、炉内及び煙道を十分な空気量でプレパージする。

□ **18.** ガスだきボイラーの手動点火操作では、バーナが上下に2基配置されている場合は、上方のバーナから点火する。

□ **19.** ガスだきボイラーの手動点火操作では、燃料弁を開いてから点火制限時間内に着火しないときは、直ちに燃料弁を閉じ、炉内を換気する。

□ **20.** ガスだきボイラーの手動点火操作では、着火後、燃焼が不安定なときは、直ちに燃料の供給を止める。

解答　　**1.** ○　**2.** ×　**3.** ×　**4.** ○　**5.** ○　**6.** ○　**7.** ×　**8.** ○
9. ×　**10.** ○　**11.** ○　**12.** ○　**13.** ×　**14.** ○　**15.** ×　**16.** ○　**17.** ○
18. ×　**19.** ○　**20.** ○

第2章 取扱いに関する知識

1 たき始めの圧力上昇時

◎ボイラーのたき始めは**低燃焼**で行う。いかなる理由があっても**急激に燃焼量を増してはならない**。急激な燃焼量の増加は、ボイラー本体の**不同膨張**を起こし、ボイラーとれんが積みとの境界面に隙間が生じたり、れんが積みの目地に割れ、煙管の取付け部や継手部からボイラー水の漏れが生じる原因となる。

［解説］不同膨張は、温度が均一に上昇
せず、膨張が大きい部分と小さ
い部分が隣接することで発生す
る。特に鋳鉄は不同膨張を起こ
すと、割れやすくなる。

◎点火後は、ボイラー本体に大きな**温度
差を生じさせないように**、かつ、**局部
的な過熱を生じさせないように**時間を
かけ、徐々にたき上げる。

◎冷たい水からたき始める場合には、一
般に低圧ボイラーでは、**最低1～2時
間**をかけ、徐々にたき上げなければな
らない。

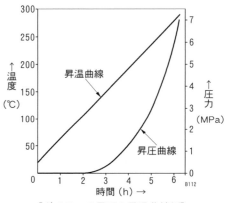

【ボイラーの昇圧＆昇温曲線例】

◎蒸気圧力が上がり始めたときの注意事項は次のとおりである。

空気抜き	蒸気が発生し始め、白色の蒸気の放出を確認し、ボイラーの圧力が 0.05 ～ 0.1MPa 程度になったら、**空気抜き弁を閉じる**。
増し締め	整備した直後の使用始めのボイラーでは、マンホール、掃除穴などのふた取付け部は漏れの有無にかかわらず、昇圧中、昇圧後に**増し締め**する。
圧力の監視と燃焼の調整	・圧力計の指針の動きを注視し、**圧力の上昇度合いに応じて燃焼を加減**する。圧力は、急激に上昇させてはならない。 ・圧力計の背面を指先で軽くたたくなどして圧力計の機能の良否を判断する。 ・圧力計の指針の動きが円滑でなく**機能に疑いがあるとき**は、圧力が加わっているときでも、圧力計の下部コックを閉めて、予備の圧力計と**取り替える**。
水位の監視	ボイラーをたき始めると、**ボイラー水の膨張により水位が上昇**する。水位が全く動かない場合は、連絡管の弁又はコックを調べる。水位の上昇に応じて、吹出し弁を開けて排水し、常用水位を維持する。

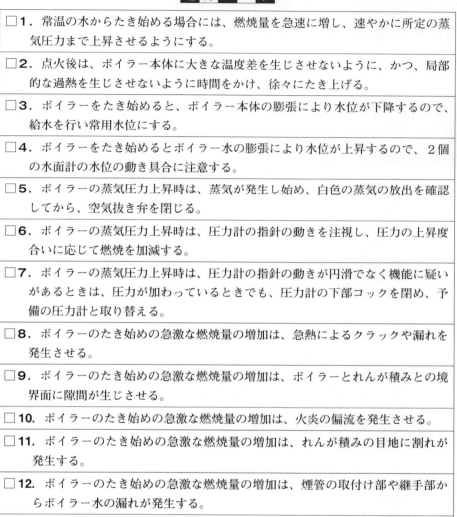

□ 1. 常温の水からたき始める場合には、燃焼量を急速に増し、速やかに所定の蒸気圧力まで上昇させるようにする。

□ 2. 点火後は、ボイラー本体に大きな温度差を生じさせないように、かつ、局部的な過熱を生じさせないように時間をかけ、徐々にたき上げる。

□ 3. ボイラーをたき始めると、ボイラー本体の膨張により水位が下降するので、給水を行い常用水位にする。

□ 4. ボイラーをたき始めるとボイラー水の膨張により水位が上昇するので、2個の水面計の水位の動き具合に注意する。

□ 5. ボイラーの蒸気圧力上昇時は、蒸気が発生し始め、白色の蒸気の放出を確認してから、空気抜き弁を閉じる。

□ 6. ボイラーの蒸気圧力上昇時は、圧力計の指針の動きを注視し、圧力の上昇度合いに応じて燃焼を加減する。

□ 7. ボイラーの蒸気圧力上昇時は、圧力計の指針の動きが円滑でなく機能に疑いがあるときは、圧力が加わっているときでも、圧力計の下部コックを閉め、予備の圧力計と取り替える。

□ 8. ボイラーのたき始めの急激な燃焼量の増加は、急熱によるクラックや漏れを発生させる。

□ 9. ボイラーのたき始めの急激な燃焼量の増加は、ボイラーとれんが積みとの境界面に隙間が生じさせる。

□ 10. ボイラーのたき始めの急激な燃焼量の増加は、火炎の偏流を発生させる。

□ 11. ボイラーのたき始めの急激な燃焼量の増加は、れんが積みの目地に割れが発生する。

□ 12. ボイラーのたき始めの急激な燃焼量の増加は、煙管の取付け部や継手部からボイラー水の漏れが発生する。

□ 13. 整備した直後のボイラーでは、使用開始後にマンホール、掃除穴などの蓋取付け部は、漏れの有無にかかわらず、昇圧中や昇圧後に増し締めを行う。

解答　1. × 　2. ○ 　3. × 　4. ○ 　5. ○ 　6. ○ 　7. ○ 　8. ○
9. ○ 　10. × 　11. ○ 　12. ○ 　13. ○

第2章 取扱いに関する知識

3 運転操作 (運転中の取扱い)

重要度 ★★

1 水位の維持

◎運転中のボイラーでは、水位は絶えず上下方向にかすかに動いているのが普通である。

◎ボイラー底部からの間欠吹出しは、①ボイラーを運転する前、②運転を停止したとき、③燃焼量が少ないとき、に行う。これらのとき、スラッジが底部に滞留しているため最も効果がある。

2 燃焼の維持、調節

◎ボイラーは、常に**圧力を一定**に保つように負荷の変動に応じて、**燃焼量を増減**することが必要となる。

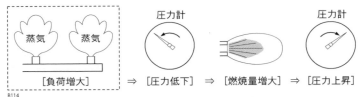

【負荷の変動による圧力の維持】

◎燃焼量を増減する際、**一般的な注意事項**は次のとおりである。

①ボイラー本体やれんが壁に火炎が触れないように注意し、常に**火炎の流れの方向**を監視する。

②燃焼量を増すときは**空気量を先に増し**、燃焼量を減ずるときは**燃料の供給量を先に減少**させることが重要である。これは、空気不足による不完全燃焼を防止するためである。

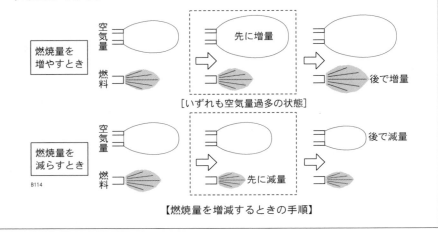

【燃焼量を増減するときの手順】

③加圧燃焼においては、断熱材やケーシングの損傷、燃焼ガスの漏出を防止する。

④常に燃焼用空気量の過不足に注意し、効率の高い燃焼を行うようにする。

⑤一次空気と二次空気がある場合、空気量の増減は、**両方で調節**する。

◎空気量の過不足は、燃焼ガス計測器により CO_2、CO、又は O_2 の値を測定し判断する。また、炎の形及び色によっても知ることができる。

〔解説〕CO（一酸化炭素）は、空気量が不足していると不完全燃焼するため、多量に発生する。O_2 は、空気量が過剰であると、消費されずにそのまま排気される。

◎空気量が多い燃焼では、**炎が短く、輝白色**を呈し炉内は明るい。

◎空気量が少ない燃焼では、**炎は暗赤色**を呈し、**煙**が発生して炉内の見通しがきかない。

◎空気量が適量である場合には、**オレンジ色**を呈し、炉内の見通しがきく。

空気量	炉内
空気量が過剰	炎は短く輝白色
空気量が不足	炎は暗赤色で煙が発生
空気量が適正	オレンジ色

◎油だき、ガスだきボイラーにおいて、ハイ・ロー・オフ動作による制御が行われる場合、バーナは低燃焼域で点火する。

3 伝熱面のすす掃除

◎ボイラーを日常使用していると、外部伝熱面には、次第にすすの付着量が増加し、ボイラー効率を著しく低下させるため、すすを除去することが必要である。この方法として、**スートブロー（すす吹き）**及び煙管掃除がある。

〔用語〕スート（smut）…すす
　　　　ブロー（blow）…殴打。空気の一吹き。

◎スートブローは、ボイラーの**水管外面**などに対する**すすの除去**を目的として行われ、**蒸気又は圧縮空気が使用**される。

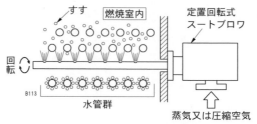

すす　　燃焼室内　　定置回転式スートブロワ

回転　　B113　水管群　　蒸気又は圧縮空気

【スートブローによるすすの除去】

◎スートブローの蒸気は、**ドレンを十分に抜き乾き度の高い状態**のものを用いる。

◎スートブローを行う際の注意点は次のとおりである。

①回数は燃料の種類、負荷の程度、蒸気温度などの**条件により変える**。
②最大負荷よりやや低いところで行うのが望ましい。最大負荷時に行うと、ファンが過負荷になるおそれがある。
③燃焼量の低い状態で行うと**火を消すおそれがある**ため避ける。
④スートブローの前には、必ずスートブロワ（すす吹き装置）から**ドレンを十分に抜いた**、乾燥した蒸気・圧縮蒸気を使用する。蒸気又は圧縮空気の中にドレンが含まれていると、ブロー時に伝熱管の外面を損傷するおそれがある。
⑤スートブロー中は、ドレン弁を少し開けておく。
⑥一箇所に長く吹きつけないようにする。
⑦スートブローを行ったときは、煙道ガスの温度や通風損失を測定して**効果を調べる**。
⑧スートブローが終了したら蒸気の元弁を確実に閉止し、ドレン弁は開放する。

確認テスト

□**1**．スートブローは、主としてボイラーの水管外面などに付着するすすの除去を目的として行う。
□**2**．スートブローの蒸気は、ドレンを含んだものを用いる。
□**3**．スートブローは、燃焼量の低い状態のときに行う。
□**4**．スートブローは、一箇所に長く吹きつけないようにして行う。
□**5**．スートブローを行ったときは、煙道ガスの温度や通風損失を測定して、その効果を確かめる。
□**6**．スートブロー中は、ドレン弁を少し開けておくのが良い。
□**7**．スートブローの回数は、燃料の種類、負荷の程度、蒸気温度などに応じて決める。

解答　　**1**．○　**2**．×　**3**．×　**4**．○　**5**．○　**6**．○　**7**．○

4 運転操作 （水位異常対策）   重要度 ★★

1 ボイラー水位の異常

◎水面計に水位が現れないのは、①水位が高過ぎるとき、②水位が低過ぎるとき、③プライミング、ホーミングなどが発生しているとき、が考えられる。この場合は直ちに水面計の試験を行って水位を確認し、それぞれの原因に応じた処置をとらなければならない。

〔用語〕プライミングとホーミングは、第2章 5 運転操作（1.1. キャリオーバ対策）を参照。

◎ボイラー水位が安全低水面以下に**異常低下する原因**として、次のことが挙げられる。

• 水位の**監視不良**（水面計の汚れによる誤認、監視の怠慢、装置の点検・整備の不良など）
• 水面計の機能不良（**不純物による閉塞**、止め弁の開閉誤操作など）
• ボイラー水の漏れ（吹出し装置の閉止不完全、水管、煙管などの損傷による漏れ）
• 蒸気の大量消費
• 自動給水装置、低水位遮断器の**不作動**（**不純物による作動妨害**、機能の故障など）
• 給水不能（給水装置の故障、給水弁の操作不良、逆止め弁の故障、**給水内管の穴の閉塞**、給水温度の過昇、貯水槽の水量不足など）

◎給水温度が高くなり過ぎると、給水ポンプ中で一部が**蒸気**となり、加圧しても圧縮するだけで水を送り出すことができなくなる。この結果、給水不能となってボイラー水位が異常に低下することになる。

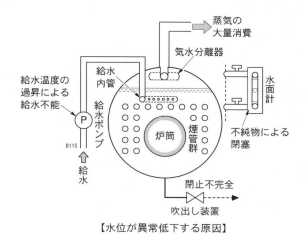

【水位が異常低下する原因】

第2章 取扱いに関する知識

93

◎ボイラー水位が**水面計以下**にあると気付いたときは、次の措置をとる。

▪ 燃料の供給を止めて**燃焼を停止**する。	
▪ 換気を行い、**炉の冷却**を図る。	
▪ **主蒸気弁を閉じて、蒸気の供給を止める**。これは、ボイラー水位の更なる低下を防ぐためである。	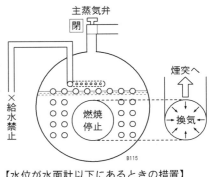
▪ 鋼製ボイラーで水面が**加熱管（煙管）**のある位置より**低下**したと推定される場合は、**給水を行わない**。給水すると、加熱管（煙管）が急冷され、破損する危険性がある。	【水位が水面計以下にあるときの措置】
▪ **鋳鉄製ボイラー**の場合は、いかなる場合でも**給水してはならない**。	
▪ ボイラーが自然冷却するのを待って、原因及び各部の損傷の有無を点検する。	

──── 確認テスト ────

□**1**．気水分離器の閉塞は、ボイラー水位が安全低水面以下に異常低下する原因である。

□**2**．給水逆止め弁の故障は、ボイラー水位が安全低水面以下に異常低下する原因である。

□**3**．不純物による水面計の閉塞は、ボイラー水位が安全低水面以下に異常低下する原因である。

□**4**．吹出し装置の閉止が不完全であることは、ボイラー水位が安全低水面以下に異常低下する原因である。

□**5**．蒸気を大量に消費することは、ボイラー水位が安全低水面以下に異常低下する原因である。

□**6**．給水温度が低下することは、ボイラー水位が安全低水面以下に異常低下する原因である。

□**7**．給水内管の穴の閉塞は、ボイラー水位が安全低水面以下に異常低下する原因である。

□**8**．蒸気トラップの機能不良は、ボイラー水位が安全低水面以下に異常低下する原因である。

解答　**1**．× **2**．○ **3**．○ **4**．○ **5**．○ **6**．× **7**．○ **8**．×

第2章 取扱いに関する知識

5 運転操作 (キャリオーバ対策)

重要度 ★★

1 キャリオーバ

◎ボイラー水中に溶解又は浮遊している固形物や水滴が、ボイラーで発生した蒸気に混じり、ボイラー外に運び出されることがある。この現象を**キャリオーバ**という。

◎キャリオーバには、**プライミング（水気立ち）**と、**ホーミング（泡立ち）**がある。

［用語］キャリオーバ（carry-over）…持ち越し品。持ち越す。
プライミング（priming）…沸水。下塗り。起爆剤。始動。呼び水。
ホーミング（foaming）…泡立ち

◎**プライミング**は、ボイラー水が**水滴**となって蒸気とともに運び出される現象で、蒸気流量の急増等によりドラム水面が変動することで発生する。

◎**ホーミング**は、ドラム内に**泡**が広がり、蒸気に水分が混入して運び出される現象で、ボイラー水に溶解した蒸発残留物が過度に濃縮したり、有機物が存在することで発生する。

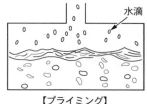

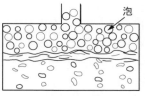

【プライミング】　　【ホーミング】

◎**キャリオーバの害**として、次のことが挙げられる。

▪ 蒸気の純度を低下させる。
▪ ボイラー水全体が著しく揺動し、水面計の水位を確認しにくくなる。
▪ 安全弁が汚れたり、圧力計の連絡穴にスケールや異物が詰まったり、又は水面計の蒸気連絡管にボイラー水が入ったりして性能を害する。
▪ ボイラー水が過熱器に入ることによって、蒸気温度や過熱度が低下したり、過熱器を汚し、破損することがある。
▪ 自動制御関係の検出端の開口部及び連絡配管の閉塞、又は機能に障害をもたらす。
▪ 蒸気とともにボイラーから出た水分が配管内にたまり、ウォータハンマを起こす。
▪ プライミングやホーミングが急激に起こると、水位制御装置が、ボイラー水位が上がったものと認識し、ボイラー水位を下げ、低水位事故を起こすおそれがある。

［解説］ウォータハンマ…配管内を水のかたまりが高速度で走り、管の曲がり部や弁などに衝突して強い衝撃を与える現象。蒸気止め弁を急に開いたときに起こりやすい。

第2章 取扱いに関する知識

水滴

泡

◎キャリオーバの原因と発生した場合の処置は次のとおりである。

原　因	処　置
蒸気負荷の過大	燃焼量が多い設定になっているため、**燃焼量を下げる**。
主蒸気弁などの**急な開弁**	主蒸気弁を開くときは徐々に行い、水位の安定を保つ。キャリオーバが発生した場合は、圧力計などを見ながら**主蒸気弁を徐々に絞る**。
ボイラー水が高水位	一部を間欠吹出し（ブロー）する。
ボイラー水の過度の**濃縮**による、**不純物過多又は油脂分の含有**	ボイラー水の水質試験を行い、**吹出し量を増やす**。また、必要に応じてボイラー水を入れ替える。

確認テスト

□**1.** ボイラー水が水滴となって蒸気とともに運び出された。これをプライミング（水気立ち）という。

□**2.** ドラム内に発生した泡が広がり、これにより蒸気に水分が混入して運び出された。これをホーミング（泡立ち）という。

□**3.** キャリオーバの害として、自動制御関係の検出端の開口部及び連絡配管の閉塞又は機能の障害を起こす。

□**4.** キャリオーバの害として、水位制御装置が、ボイラー水位が下がったものと認識し、ボイラー水位を上げて高水位になる。

□**5.** キャリオーバの害として、ボイラー水が過熱器に入り、蒸気温度が上昇して、過熱器の破損を起こす。

□**6.** 蒸気負荷が過大であることは、キャリオーバが発生する原因となる。

□**7.** 主蒸気弁を急に開くと、キャリオーバが発生する原因となる。

□**8.** 低水位であることは、キャリオーバが発生する原因となる。

□**9.** ボイラー水が過度に濃縮されていると、キャリオーバが発生する原因となる。

□**10.** キャリオーバが発生した場合には、燃焼量を下げる処置をする。

□**11.** キャリオーバが発生した場合、ボイラー水位が高いときは、一部を吹出しする。

□**12.** キャリオーバが発生した場合には、ボイラー水の水質試験を行う処置をする。

□**13.** キャリオーバが発生した場合、ボイラー水が過度に濃縮されたときは、吹出し量を増し、その分を給水する。

解答　　**1.** ○　**2.** ○　**3.** ○　**4.** ×　**5.** ×　**6.** ○　**7.** ○　**8.** ×
9. ○　**10.** ○　**11.** ○　**12.** ○　**13.** ○

6 運転操作 （その他の異常対策）

重要度　★

1　二次燃焼

◎不完全燃焼によって発生した未燃ガスやすすが、煙道内において再び燃焼することをいう。このうち未燃のすすによるものを、特に**スートファイヤ**という。

◎二次燃焼は空気予熱器やケーシングなどを焼損することがある。

2　バックファイヤ（逆火）

◎バックファイヤ（逆火）は、たき口から**火炎が突然炉外に吹き出る現象**をいう。

◎一般に**点火時**において次のような場合に発生しやすい。

> ・煙道ダンパ開度が不足しているなど、炉内の**通風力が不足している**場合
>
> ・点火の際に**着火遅れ**が生じた場合（着火遅れにより炉内に大量の燃料がたまり、点火で一気に燃焼することで逆火が生じる）
>
> ・空気より**先に燃料を供給**した場合
>
>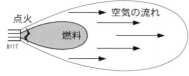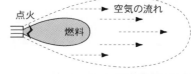
>
> 【あらかじめ空気を供給し　　　　【点火時に空気より先に燃料を供給する場合】
> 　点火時に燃料を供給する場合】
>
> ・点火用バーナの**燃料の圧力が低下**した場合（着火遅れが生じるため）
>
> ・**複数のバーナ**を有するボイラーで、燃焼中のバーナの**火炎を利用**して次のバーナに点火した場合（次に点火するバーナに着火遅れが生じるため）

［参考］油だきボイラーの逆火をバックファイア、ガスだきボイラーの逆火をフラッシュバックという。

3　火炎の偏流

◎油だきボイラーの燃焼中、火炎が片寄って流れることがある。このような火炎の偏流が起こると、れんが積みの損傷、ボイラー水の循環の乱れを引き起こす。

◎火炎の偏流が起こる原因として次の場合がある。

①ノズルチップの**内側又は出口の汚れ**
②バーナ取付位置の不良
③バーナタイルその他の耐火材あるいは**バッフルの損傷**
④水管列の乱れ又は汚れ

第2章

取扱いに関する知識

4 炭化物（カーボン）の付着

◎バーナチップ（噴油口）、炉壁などに炭化物が付着したときは、直ちに燃焼を止め、炭化物を取り除く。

◎炭化物は、燃料の炭素が不完全燃焼することにより生成される。炭化物が生成する原因として、次のことが挙げられる。

• 油噴射角度が不適切（一部の燃料粒子が粗くなる）
• 油圧、油温が不適切（燃料の噴霧状態の悪化）
• バーナチップが汚損又は摩耗している場合（燃料の噴霧状態の悪化）
• 噴霧用カップが汚損又は変形している場合（燃料の噴霧状態の悪化）

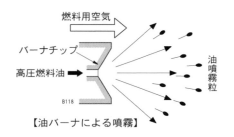

【油バーナによる噴霧】

5 火炎中の火花の発生

◎火炎中に火花が生じることがある。バーナによる火炎では、噴霧不良で粒子が大きいと、燃焼が終えるまで時間がかかる。この燃焼中の燃料粒子が火花に見える。

◎火花が発生する具体的な原因として、次のことが挙げられる。

■バーナの故障又は調節不良
■油の温度、圧力が不適正、又は噴霧媒体の圧力が不適正
■通風の強すぎ

◎噴霧媒体とは、燃料油を高圧で噴き出す際、噴霧化させるのに使用する高圧の蒸気や空気をいう。ただし、燃料の圧力だけで噴霧化させるバーナもある。従って、噴霧媒体を使用しないバーナもある。

6 その他の障害

◎ボイラーの運転中、突然消火することがある。この場合、次の原因が考えられる。

• 燃料遮断装置の動作	• バーナ噴油口の詰まり
• 燃料油のろ過器の詰まり	• 燃料弁の絞り過ぎ
• 燃焼用空気量の多過ぎ	• 燃料油に水分やガスが多く含まれている
• 燃料油の温度の低過ぎ	

7 ボイラーを緊急停止する手順

◎ボイラーの使用中に突然異常事態が発生して、ボイラーを緊急停止しなければならないときは、原則として次の操作順序で行う。

①燃料の供給を停止する。
②炉内、煙道の換気を行う。
③主蒸気弁を閉じる。
④給水を行う必要のあるときは給水を行い、必要な水位を維持する。
⑤ダンパは開放したままとする。

———— 確認テスト ————

□**1**. 油だきボイラー点火時、煙道ダンパの開度が不足していると、逆火が発生する原因となる。

□**2**. 油だきボイラー点火時、点火用バーナの燃料の圧力が低下していると、逆火が発生する原因となる。

□**3**. 複数のバーナを有する油だきボイラーで、燃焼中のバーナの火炎を利用して次のバーナに点火すると、逆火に発生する原因となる。

□**4**. 噴霧空気の圧力が強すぎる場合、ボイラーが運転中に突然消火する原因となる。

□**5**. 油ろ過器が詰まっている場合、ボイラーが運転中に突然消火する原因となる。

□**6**. 燃料油弁を開きすぎる場合、ボイラーが運転中に突然消火する原因となる。

□**7**. 炉内温度が高すぎる場合、ボイラーが運転中に突然消火する原因となる。

□**8**. 燃料油の温度が高すぎる場合、ボイラーが運転中に突然消火する原因となる。

□**9**. ボイラーの使用中に突然、異常事態が発生して、ボイラーを緊急停止しなければならないときの操作順序として、適切なものは1～5のうちどれか。ただし、AからDはそれぞれ次の操作をいうものとする。

A：主蒸気弁を閉じる。
B：給水を行う必要のあるときは給水を行い、必要な水位を維持する。
C：炉内及び煙道の換気を行う。
D：燃料の供給を停止する。

1．A → B → D → C　　　2．A → D → C → B
3．B → D → A → C　　　4．D → B → C → A
5．D → C → A → B

解答　　**1**. ○　**2**. ○　**3**. ○　**4**. ○　**5**. ○　**6**. ×　**7**. ×　**8**. ×
9.5

1 運転終了時の操作手順

◎ボイラーの運転を終了するときの一般的な操作順序は、次のとおりである。

①燃料の供給を停止する。
②空気を送入し、炉内及び煙道の換気（ポストパージ）を行う。ポストパージが完了し、ファンを停止した後、自然通風の場合はダンパを半開とし、たき口及び空気口を開いて炉内を冷却する。
③常用水位より高めに給水を行い、圧力を下げた後、給水弁を閉じ、給水ポンプを止める。
④蒸気弁を閉じ、ボイラー内部が負圧にならないよう空気抜弁を開いて空気を送り込み、ドレン弁を開く。
⑤ダンパを閉じる。

［参考］ダンパは、通気系統の途中に設けてあり、通風力の調整や空気・燃焼ガスの遮断に用いられる。主に回転式ダンパが使われている。

◎蒸気弁は、使用部への蒸気の開閉を行う弁で、蒸気ヘッドなどに取り付けられている。ドレン弁は配管の途中に設けられており、下部にドレン（復水）がたまる構造になっている。開くと下方にドレンが排出される。ドレンは温度が90℃以下になってから排出しなければ、フラッシュ（ドレンが蒸気となって噴射する現象）が起こってしまう。

確認テスト

☐ **1.** ボイラー水の排出は、ボイラー水がフラッシュしないように、ボイラー水の温度が90℃以下になってから、吹出し弁を開いて行う。

☐ **2.** ボイラーの運転を終了するときの一般的な操作順序として、適切なものは1～5のうちどれか。ただし、AからEはそれぞれ次の操作を表す。

A：給水を行い、圧力を下げた後、給水弁を閉じ、給水ポンプを止める。
B：蒸気弁を閉じ、ドレン弁を開く。
C：空気を送入し、炉内及び煙道の換気を行う。
D：燃料の供給を停止する。
E：ダンパを閉じる。

1. A → B → C → D → E　　2. B → C → A → E → D
3. C → D → E → A → B　　4. D → A → B → C → E
5. D → C → A → B → E

解答　　**1.** ○　**2.** 5

8 附属品（水面測定装置）

重要度 ★★

1 取扱い上の注意

◎水面計の機能試験は毎日行う。残圧がある場合は点火前に、残圧がない場合は、たき始めて蒸気圧力が上がり始めたときに行う。

◎水面計が水柱管に取り付けられている場合は、**水柱管の連絡管の途中にある止め弁**の開閉を誤認しないよう、**ハンドルは全開**したまま**取り外しておく**。

◎水柱管の**連絡管**は、水側連絡管の途中にスラッジがたまりやすいため、ボイラーから水面計・水柱管に向かって下がり勾配となる配管は避ける。

◎外だき煙管ボイラーのように水側連絡管が煙道内など**燃焼ガスに触れる部分**がある場合、その部分を**耐熱材料で防護**すること。

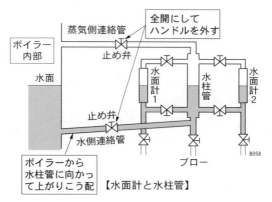

【水面計と水柱管】

◎水面計が水柱管に取り付けられている場合は、水柱管下部のブロー管（吹出し管）により**毎日1回吹出し**を行い、水側連絡管の**スラッジを排出**する。

◎**水面計のコックのハンドルは管軸と直角方向にする**と開くようになっている。一般のコックとは異なるので注意する。水面計が取り付けられている周辺は振動が多く、一般のコックと同様に管軸とハンドルを水平にした状態で開にすると、振動により次第にハンドルが下方に動くことがある。この結果、水コックと蒸気コックは閉じ、ドレンコックは開くことになる。これを防ぐため、一般のコックと開閉が逆にしてある。

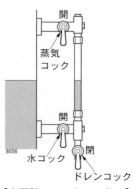

【水面計のコックハンドル】

◎差圧式の遠方水面計では、途中に漏れがあると著しい誤差を生じるため、漏れを完全に防止する。

◎差圧式の遠方水面計は、差圧式水位検出器と、その信号から水面を表示する遠方水面計で構成される。

◎差圧式水位検出器は、ボイラー内の底部の水圧とボイラー内の圧力の差から、水面の高さを検出する。

◎容器の底面にかかる圧力（水圧）は、容器内の液体高さと液体密度に比例することを利用している。この水位検出器で得られた信号は、伝送器で空気圧信号又は電気信号にして遠方水面計に送られる。空気圧信号で送る場合、圧力管の途中に漏れがあると、遠方水面計に大きな誤差が生じることになる。なお、近年は伝送信号に電気を用いるものが主流となっている。

2 機能試験をする時期

◎水面計の機能試験を行う時期は、次のとおりである。

• 残圧がある場合は、ボイラーをたき始める前（点火前）。
• 残圧がない場合は、ボイラーをたき始め圧力が上がり始めたとき。
• 2個の水面計の水位に差異を認めたとき。
• 水位の動きがにぶく、正しい水位かどうか疑いがあるとき。
• ガラス管の取替え、その他の補修をしたとき。
• キャリオーバ（プライミング、ホーミング）が生じたとき。
• 取扱い担当者が交代し、次の者が引き継いだとき。

□1．運転開始時の水面計の機能試験は、点火前に残圧がない場合は、たき始めて蒸気圧力が上がり始めたときに行う。

□2．水柱管の連絡管の途中にある止め弁は、開閉を誤認しないように全開してハンドルを取り外しておく。

□3．水柱管の水側連絡管は、水柱管に向かって下がり勾配となる配管にする。

□4．水側連絡管で、煙道内などの燃焼ガスに触れる部分がある場合は、その部分を不燃性材料で防護する。

□5．水側連絡管のスラッジを排出するため、水柱管下部の吹出し管により毎日1回吹出しを行う。

□6．水面計のコックを開くときは、ハンドルを管軸と同一方向にする。

□7．ガラス水面計の機能試験を行う時期は、ガラス管の取替えなどの補修を行ったときに行う。

□8．ガラス水面計の機能試験を行う時期は、2個の水面計の水位に差異がないときに行う。

□9．ガラス水面計の機能試験を行う時期は、水位の動きが鈍く、正しい水位かどうか疑いがあるときに行う。

□10．ガラス水面計の機能試験を行う時期は、プライミングやホーミングが生じたときに行う。

□11．ガラス水面計の機能試験を行う時期は、取扱い担当者が交替し、次の者が引き継いだときに行う。

解答　　1．○　2．○　3．×　4．×　5．○　6．×　7．○　8．×
9．○　10．○　11．○

第2章

取扱いに関する知識

第2章 取扱いに関する知識

1 水面計の機能試験の操作順序

◎水面計の機能試験の操作順序は、次のとおりである。

①蒸気コック及び水コックを閉じ、ドレンコックを開いてガラス管内の気水を排出する。

②水コックを開いて水だけをブローし、噴射状態を見て水コックを閉じる。

③蒸気コックを開き、蒸気だけをブローし、噴射状態を見て蒸気コックを閉じる。

④ドレンコックを閉じてから、蒸気コックを少しずつ開き、次いで水コックを開き、水位の上昇具合を見る。

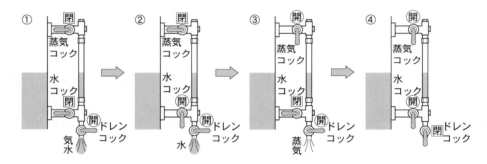

─── 確認テスト ───

□1. ボイラーの蒸気圧力がある場合、水面計の機能試験を行うときの操作順序として、適切なものは1～5のうちどれか。ただし、AからDはそれぞれ次の操作をいうものとする。

　A. 蒸気コックを開いて蒸気だけをブローし、噴出状態を見て蒸気コックを閉じる。

　B. 水コックを開いて水だけをブローし、噴出状態を見て水コックを閉じる。

　C. ドレンコックを閉じて、蒸気コックを少しずつ開き、次いで水コックを開いて、水位の上昇具合を見る。

　D. 蒸気コック及び水コックを閉じ、ドレンコックを開いてガラス管内の気水を排出する。

　1. A → B → C → D　　　2. B → A → C → D

　3. B → A → D → C　　　4. D → B → A → C

　5. D → A → C → B

解答　　1. 4

10 附属品（安全弁、逃がし弁）

重要度 ★★

1 蒸気漏れがある場合の措置

◎ばね安全弁から蒸気漏れがあるまま放置すると、弁体及び弁座が著しく損傷したり、ばねが腐食する原因になるため、速やかに修理する必要がある。

◎安全弁から蒸気漏れがある場合、次の措置をとる。

> - 弁体と弁座のすり合わせをする。
> - 弁体と弁座の間にごみなどの異物が付着していないか調べる。
> - 弁体と弁座の中心がずれ、当たり面の接触圧力が不均一になっていないか調べる。
> - 試験用レバーがある場合、レバーを動かし弁の当たりを変えてみる。
> - ばねが腐食していないか調べる。腐食していると弁を押し下げる力が弱くなる。

◎蒸気漏れを押さえるため、ばねの調整ボルトを締め付けてはならない。ばね安全弁が規定圧力になっても作動しなくなる。

2 安全弁が作動しない原因

◎ばねの締めすぎ（調整不良）。

◎蒸気による熱膨張などにより、弁体円筒部と弁体ガイド部が密着している。

◎弁棒に曲がりがあり、弁棒貫通部に弁棒が強く接触している。

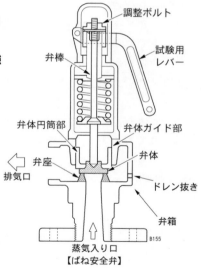

【ばね安全弁】

第2章 取扱いに関する知識

3　安全弁の調整方法

◎安全弁は、ボイラーの最高使用圧力以下で作動するよう調整しなくてはならない。
調整方法は次のとおりである。

ばね安全弁

- 安全弁の調整ボルトを定められた位置に設定した後、ボイラーの**圧力をゆっ くり上昇**させて**安全弁を作動**させ、**吹出し圧力及び吹止まり圧力を確認**する。

- 安全弁の吹出し圧力が設定圧力 よりも**低い場合**は、いったんボ イラーの圧力を設定圧力の80% 程度まで下げ、調整ボルトを**締 めて**再度試験する。

- 設定圧力になっても安全弁が**動 作しない場合**は、直ちにボイ ラーの圧力を設定圧力の80% 程度まで下げて、調整ボルトを **緩めて**再度試験する。

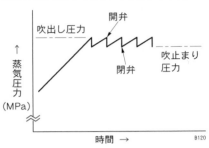

【安全弁の作動と蒸気圧力の関係】

2個以上の安全弁がある場合

- ボイラーに安全弁が2個以上設けられている場合は、1個を最高使用圧力以 下で先に作動するように調整し、他の安全弁を最高使用圧力の**3%増以下**で 作動するよう調整することができる。

エコノマイザの逃がし弁（安全弁）

- ボイラー本体の安全弁より**高い圧力**に調整する。このため、事故等でボイラー 本体の圧力が異常に上昇した場合、まずボイラー本体の安全弁が作動し、そ れでも圧力が上昇を続 けると、エコノマイザ の逃がし弁も作動する。

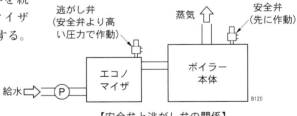

【安全弁と逃がし弁の関係】

最高使用圧力の異なるボイラーが連絡している場合の安全弁

- 各ボイラーの安全弁は、最高使用圧力の**最も低いボイラーを基準に調整**する。

安全弁手動試験

- 最高使用圧力の**75%以上の圧力**で行う。

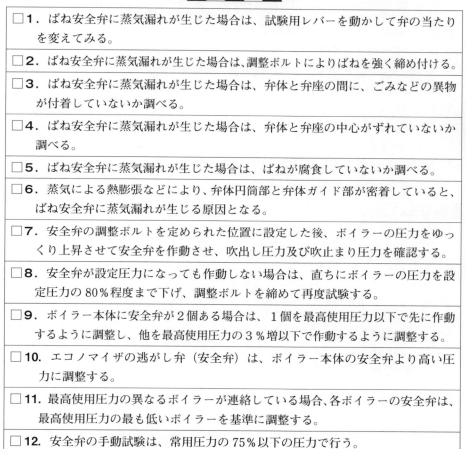

確認テスト

□**1.** ばね安全弁に蒸気漏れが生じた場合は、試験用レバーを動かして弁の当たりを変えてみる。

□**2.** ばね安全弁に蒸気漏れが生じた場合は、調整ボルトによりばねを強く締め付ける。

□**3.** ばね安全弁に蒸気漏れが生じた場合は、弁体と弁座の間に、ごみなどの異物が付着していないか調べる。

□**4.** ばね安全弁に蒸気漏れが生じた場合は、弁体と弁座の中心がずれていないか調べる。

□**5.** ばね安全弁に蒸気漏れが生じた場合は、ばねが腐食していないか調べる。

□**6.** 蒸気による熱膨張などにより、弁体円筒部と弁体ガイド部が密着していると、ばね安全弁に蒸気漏れが生じる原因となる。

□**7.** 安全弁の調整ボルトを定められた位置に設定した後、ボイラーの圧力をゆっくり上昇させて安全弁を作動させ、吹出し圧力及び吹止まり圧力を確認する。

□**8.** 安全弁が設定圧力になっても作動しない場合は、直ちにボイラーの圧力を設定圧力の80％程度まで下げ、調整ボルトを締めて再度試験する。

□**9.** ボイラー本体に安全弁が2個ある場合は、1個を最高使用圧力以下で先に作動するように調整し、他を最高使用圧力の3％増以下で作動するように調整する。

□**10.** エコノマイザの逃がし弁（安全弁）は、ボイラー本体の安全弁より高い圧力に調整する。

□**11.** 最高使用圧力の異なるボイラーが連絡している場合、各ボイラーの安全弁は、最高使用圧力の最も低いボイラーを基準に調整する。

□**12.** 安全弁の手動試験は、常用圧力の75％以下の圧力で行う。

解答 　**1.** ○ 　**2.** × 　**3.** ○ 　**4.** ○ 　**5.** ○ 　**6.** × 　**7.** ○ 　**8.** ×
9. ○ 　**10.** ○ 　**11.** ○ 　**12.** ×

第**2**章

取扱いに関する知識

11 附属品（間欠吹出し装置）　重要度 ★★

◎吹出しは、ボイラー水の**不純物の濃度を下げ**たり、ボイラー底部にたまった**軟質の**
　スラッジを排出する目的で行われる。

◎吹出しの方法は、間欠吹出しと連続吹出しがある。連続吹出しは、24時間以上に
　わたり連続運転をするボイラーに対し、連続吹出し装置を用いて行う。ここでは、
　間欠吹出しについてまとめてある。

◎吹出し装置は、スケール、スラッジにより**詰まる**ことがあるため、適宜吹出しを行
　い、その機能を維持しなければならない。

　［用語］間欠（かんけつ）…一定の時間を隔てて起こること。やんで、また起こる。
　　　　　適宜（てきぎ）…適当。随意。

1 取扱い上の注意

◎間欠吹出しを行う際の**注意点**は次のとおりである。

> ・間欠吹出しは、ボイラーを**運転する前**、運転を**停止したとき**又は**負荷が低いと**
> 　**き**に行う。これは、ボイラー底部にたまった軟質の**スラッジを排出**するためで
> 　ある。

> ・吹出し弁又はコックを操作する担当
> 　者が**水面計の水位を直接見る**ことが
> 　できない場合は、水面計の**監視者と**
> 　**共同で合図**しながら吹出しを行う。

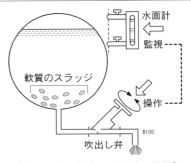

【吹出し弁の操作と水面計の監視】

> ・1人で同時に**2基以上**のボイラーの吹出しは**行わない**こと。

> ・吹出しを行っている間は、**他の作業を行ってはならない**。他の作業を行う必要
> 　が生じたときは、吹出し作業をいったん**中止**し、吹出し弁を**閉止**する。

> ・**水冷壁の吹出し**は、**運転中はいかなる場合でも行ってはならない**。水冷壁のブ
> 　ローは、スラッジの吹出しが目的ではなく、**排水用**である。

> ・**鋳鉄製蒸気ボイラー**は、本来復水のほとんどが回収されるため、スラッジの生
> 　成は極めて少なく、吹出しの必要はまれである。ボイラー水の一部を**入れ替え**
> 　**る**場合は、燃焼をしばらく**停止するとき**に吹出しを行う。

> ・給湯用又は閉回路で使用する**温水ボイラー**にあっては、酸化鉄、スラッジなど
> 　の沈殿を考慮し、必要に応じ**ボイラー休止中**に適宜吹出しを行う。

2 2個の吹出し弁の操作方法

◎直列に2個の締切り装置が設けられている場合、**急開弁**をボイラー本体に近い第1締切り装置とし、**漸開弁**をボイラー本体から遠い第2締切り装置とするのが一般的である。急開弁と漸開弁は次の順序で操作する。

①**急開弁**（第1吹出し弁）を**全開**にする。この場合、弁の開き始めは慎重に行い、弁の前後の圧力が平衡したら全開とする。	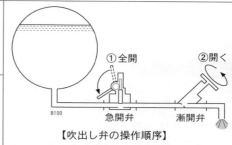
②次に**漸開弁**（第2吹出し弁）を**徐々に開き**、水面計の水高が15mm程度吹き出すまでは半開とし、更に大量の吹出しを行うときは開度を増す。	【吹出し弁の操作順序】
③閉止する順序は、**漸開弁を先に閉じ、急開弁を後から閉じる。**	

──── 確 認 テスト ────

- □**1.** 吹出しは、ボイラー水の不純物の濃度を下げたり、ボイラー底部にたまった軟質のスラッジを排出する目的で行われる。

- □**2.** 給湯用又は閉回路で使用する温水ボイラーの吹出しは、酸化鉄、スラッジなどの沈殿を考慮し、ボイラー休止中に適宜行う。

- □**3.** 吹出しを行っている間は、他の作業を行ってはならない。

- □**4.** 1人で2基以上のボイラーの吹出しを同時に行ってはならない。

- □**5.** 炉筒煙管ボイラーの吹出しは、最大負荷よりやや低いときに行う。

- □**6.** 炉筒煙管ボイラーの吹出しは、ボイラーを運転する前、運転を停止したとき又は負荷が低いときに行う。

- □**7.** 鋳鉄製温水ボイラーは、配管のさび又は水中のスラッジを吹き出す場合のほかは、吹出しは行わない。

- □**8.** 水冷壁の吹出しは、いかなる場合でも運転中に行ってはならない。

- □**9.** 鋳鉄製蒸気ボイラーの吹出しは、燃焼をしばらく停止して、ボイラー水の一部を入れ替えるときに行う。

- □**10.** 吹出し弁が直列に2個設けられている場合は、急開弁を先に開き、次に漸開弁を開いて吹出しを行う。

解答　**1.** ○　**2.** ○　**3.** ○　**4.** ○　**5.** ×　**6.** ○　**7.** ○　**8.** ○　**9.** ○　**10.** ○

12 附属品（給水装置） 重要度 ★

1 ディフューザポンプの取り扱い

◎ボイラーに給水するポンプのうち、案内羽根を有する遠心ポンプを**ディフューザポンプ**という。ポンプの運転前に、ポンプ内及びポンプ前後の配管内の**空気を十分に抜く**。空気抜きが不十分だと、ポンプを運転しても空気をかみ込み、水を圧送できなくなる。

2 2つの密閉方式

◎ポンプの**シール**は、シャフトの周囲とポンプ本体間を密閉するもので、**グランドパッキンシール式**と**メカニカルシール式**がある。

◎**グランドパッキンシール式**は、潤滑剤を染み込ませて編み上げたひも状のものを使用する。適切な長さに切ってポンプのシャフトと固定部との間に3本～5本重ねて巻き込む。その端面をパッキン押さえでふたをし、ボルトで締め付ける。ただし、締め過ぎると焼き付きを起こすため、運転中に**少量の水が連続して滴下する程度**にパッキンを締めておき、かつ、**締め代が残っていること**を確認する。

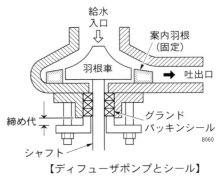

【ディフューザポンプとシール】

（図中ラベル）
給水入口
案内羽根（固定）
羽根車
吐出口
締め代
グランドパッキンシール
シャフト
B060

［用語］グランド（gland）…粘膜などの分泌線。パッキン押さえ。

◎**メカニカルシール式**は、回転軸と一体になった回転環と、固定部に取り付けられた固定環、及び2つの環を一定の力で押し付けるスプリングから成り、複雑な構造をしている。回転環と固定環の接触面は非常に平滑に仕上げられて摩擦が少ない。メカニカルシール式については、シャフトから**水漏れがないこと**を確認する。

3 起動、運転、停止の方法

◎ディフューザポンプを起動するときは、**吸込み弁を全開**、**吐出し弁を全閉**にした後、**ポンプ駆動用電動機を起動**し、ポンプの回転と水圧が正常になったら**吐出し弁**を徐々に開き**全開**にする。吐出し弁を全閉にしてから電動機を起動するのは、起動時の電力を少なくし電動機の負荷を減らすためである。ポンプの吐出し流量を少なくすると、電動機は消費する電力が減少する特性がある。なお、吐出し弁を閉じた**まま長く運転**すると、ポンプ内の**水温が上昇**し過熱を起こすため、注意する。

◎ディフューザポンプの**運転中**は、ポンプの**吐出し圧力、流量及び負荷電流**が適正であることを確認する。

◎ディフューザポンプの運転を**停止**するときは、**吐出し弁を徐々に閉め、全閉してか**らポンプ駆動用電動機の運転を止める。

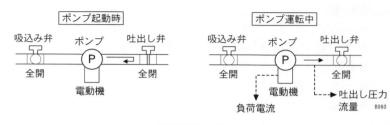

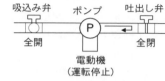

【給水ポンプの各種操作】

確認テスト

□**1.** グランドパッキンシール式の軸については、運転中に少量の水が連続して滴下する程度にパッキンが締まっていることを確認する。

□**2.** ディフューザポンプについて、メカニカルシール式の軸については、水漏れがないことを確認する。

□**3.** ディフューザポンプについて、運転前に、ポンプ内及びポンプ前後の配管内の空気を十分に抜く。

□**4.** ディフューザポンプについて、起動は、吸込み弁及び吐出し弁を全開にした状態で行う。

□**5.** ディフューザポンプについて、起動は、吐出し弁を全閉、吸込み弁を全開にした状態で行い、ポンプの回転と水圧が正常になったら吐出し弁を徐々に開き、全開にする。

□**6.** ディフューザポンプについて、運転中は、ポンプの吐出し圧力、流量及び負荷電流が適正であることを確認する。

□**7.** ディフューザポンプについて、運転を停止するときは、吐出し弁を徐々に閉め、全閉にしてからポンプ駆動用電動機の運転を止める。

解答　　**1.** ○　**2.** ○　**3.** ○　**4.** ×　**5.** ○　**6.** ○　**7.** ○

1 水位検出器

◎**フロート式水位検出器**では、1日に1回以上、作動を確認するため、**フロート室の
ブロー**を行う。（構造図：第1章 ⑲ ボイラーの自動制御（水位制御）1．フロート式
水位検出器 参照）

◎フロート式では、1年に2回程度、フロート室を分解し、フロート室内のスラッジ
やスケールを除去するとともに、フロートの破れ、シャフトの曲がりなどがあれば
補修する。

◎フロート式のマイクロスイッチ端子間の**電気抵抗**をテスターでチェックする場合、
スイッチ閉のときは抵抗が**ゼロ**で、開のときは**無限大**であることを確認する。

◎**電極式水位検出器**では、1日に1回以上、水の純度の**上昇**による電気伝導率の**低下**
を防ぐため、**検出筒内のブロー**を行う。

　［用語］電気伝導率…導電率ともいい、物質の電気伝導のしやすさを表す。数値の大き
　　　　いものほど、電気が伝わりやすい。

　［解説］水の純度…純度が高くなるほど、不純物としての電解質が少なくなるため、導
　　　　電率が小さくなる。

◎**電極式**は、1日に1回以上、実際にボイラー水の**水位を上下**させ、水位検出器の作
動状況を確認する。さらに1年に2回程度、検出筒を分解し内部掃除を行うととも
に、電極棒を目の細かい**サンドペーパーで磨く。**

2 燃焼安全装置

◎ボイラーの自動制御装置には、異常時に燃料を緊急に止める**燃料油用遮断弁**があり、
中小容量ボイラーにおいては一般に**電磁弁**が使用されている場合が多い。

◎**電磁弁**は、電磁石の磁力を用いてプランジャを吸引し、最終的に弁を開閉する器具
である。燃料油用遮断弁では、ストッパを外すことで**ばねの力により弁を閉じ、**燃
料油を遮断する。**ダイヤフラム、バイメタルは使用されない。**

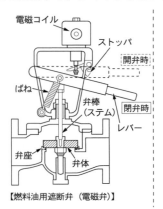

【燃料油用遮断弁（電磁弁）】

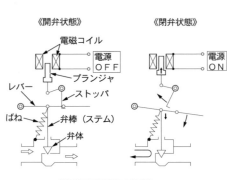

【燃料油用遮断弁の作動】

◎燃料油用遮断弁（電磁弁）の故障原因として、次の内容が挙げられる。

▪ 電磁コイルの絶縁低下	▪ 電磁コイルの焼損
▪ 弁棒の曲がりや折損	▪ 燃料や配管中の異物のかみ込み
▪ 弁座の変形や損傷	▪ ばねの折損や張力低下

◎交流電流を用いて電磁石を作る方式のものは、電流を入れても可動鉄芯が吸引されずに空の状態のままでいると、電磁コイルに**過電流**が流れ、高温になって断線や短絡を引き起こす。これが電磁コイル焼損の原因である。弁の作動が円滑に行われないと、電磁コイルの焼損が起こりやすくなる。

【燃料遮断弁】

◎燃焼安全装置の燃料遮断弁の作動原因として、次の内容が挙げられる。

▪ 蒸気圧力過昇	▪ 低水位	▪ 不着火
▪ 異常消火	▪ 送風量低下	▪ 油圧・ガス圧の過昇・過降

確認テスト

□ **1.** フロート式水位検出器では、1日に1回以上、作動を確認するため、フロート室のブローを行う。

□ **2.** 電極式水位検出器では、1日に1回以上、水の純度低下による電気伝導率の上昇を防ぐため、検出筒内のブローを行う。

□ **3.** 電極式水位検出器では、1日に1回以上、実際にボイラー水の水位を上下させ、水位検出器の作動状況を確認する。

□ **4.** 電極式水位検出器では、1年に2回程度、検出筒を分解し内部掃除を行うとともに、電極棒を目の細かいサンドペーパーで磨く。

□ **5.** フロート式水位検出器のマイクロスイッチ端子間の電気抵抗をテスターでチェックする場合は、スイッチ閉のときは抵抗がゼロで、開のときは無限大であることを確認する。

□ **6.** 弁座が変形していると、燃焼安全装置の燃料油用遮断弁（電磁弁）の遮断機構の故障原因となる。

□**7.** 電磁コイルが焼損していると、燃焼安全装置の燃料油用遮断弁（電磁弁）の遮断機構の故障原因となる。

□**8.** 電磁コイルの絶縁が低下していると、燃焼安全装置の燃料油用遮断弁（電磁弁）の遮断機構の故障原因となる。

□**9.** ばねの張力が低下していると、燃焼安全装置の燃料油用遮断弁（電磁弁）の遮断機構の故障原因となる。

□**10.** 蒸気圧力過昇は、燃焼安全装置の燃料遮断弁が作動する原因となる。

□**11.** 高水位は、燃焼安全装置の燃料遮断弁が作動する原因となる。

□**12.** 不着火は、燃焼安全装置の燃料遮断弁が作動する原因となる。

□**13.** 異常消火は、燃焼安全装置の燃料遮断弁が作動する原因となる。

□**14.** 送風量の低下は、燃焼安全装置の燃料遮断弁が作動する原因となる。

解答 **1.** ○ **2.** × **3.** ○ **4.** ○ **5.** ○ **6.** ○ **7.** ○ **8.** ○ **9.** ○ **10.** ○ **11.** × **12.** ○ **13.** ○ **14.** ○

14 ボイラーの保全

重要度 ★★

1 ボイラーの清掃

◎ボイラーを使用していると、内面（ボイラーの胴内等）にはスケール（給水中の溶解固形物が、伝熱面に固着したもの）やスラッジ（水中の硬度成分が薬剤と反応してできた沈殿物）が生じ、外面（燃焼室、伝熱面）には灰やすすが付着（ガス以外の燃料の不完全燃焼により付着）し、伝熱効果が低下し、伝熱面の過熱の原因になる。そのため、定期的にボイラーの内外面の清掃を行い、伝熱面を清浄化する必要がある。

2 ボイラーの運転停止の順序（ボイラー水の全部排出）

◎使用中のボイラーの運転を停止し、冷却してボイラー水を全部排出する場合の措置は、次の順序によって行う。

①ボイラーの水位を常用水位に保つように給水を続け、蒸気の送り出しを徐々に減少する。
②燃料の供給を停止する。石炭だきの場合は、炉内の燃料を完全に燃え切らせる。
③押込ファンを止める。自然通風の場合は、ダンパを半開とし、たき口及び空気口を開いて、炉内を冷却する。
④ボイラーの蒸気圧力がないことを確かめた後、給水弁、蒸気弁を閉じる。更に、空気抜き弁、その他蒸気室部の弁を開いてボイラー内に空気を送り込み、内部が真空になることを防ぐ。
⑤排水がフラッシュしないよう、ボイラー水の温度が 90℃以下になってから、吹出し弁を開きボイラー水を排出する。

[解説] フラッシュ（flash）…閃光、瞬間、点滅する、などの意味。ボイラーでは、高圧の飽和水が低圧の雰囲気にさらされ、一部が蒸気になる現象をいう。再蒸発ともいう。

3 酸洗浄

◎酸洗浄とは、薬液に酸（通常、塩酸）を用いて洗浄し、ボイラー内のスケールを溶解除去することである。

◎酸洗浄の処理工程は、①前処理→②水洗→③酸洗浄→④水洗→⑤中和防錆処理の順で行われる。

◎前処理は、シリカ分の多い硬質スケールのときに、所要の薬液（シリカ溶解剤）でスケールを膨潤させて、後の酸洗浄を効果的にするために行う。

[用語] シリカ（silica）…砂などに含まれる二酸化ケイ素 SiO_2
膨潤（ぼうじゅん）…液体を吸収して体積を増す現象

115

◎酸洗浄には、酸によるボイラーの腐食を防止するため**抑制剤（インヒビタ）**を添加して行う。必要に応じて種々の**添加剤**（シリカ溶解剤、銅溶解剤、銅封鎖剤、還元剤など）が併用される。

[用語] **インヒビタ**（inhibitor）…抑制する人や物。防止・阻害・抑制剤。

《酸洗浄の手順》

①前処理	シリカ溶解剤で硬質スケールを膨潤させる。
②水洗	高圧水洗又は湯洗。
③酸洗浄	スケールの溶解除去。ただし、酸が鉄を腐食するため、抑制剤を添加して行う。
④水洗	高圧水洗又は湯洗。
⑤中和防錆処理	高アルカリ性の溶液で、酸を中和するとともに酸による酸化皮膜を除去し、鉄の表面を不活性化して防錆する。

◎酸洗浄作業中は、鉄と反応して**水素ガス**が発生するため、ボイラー周辺では**火気を厳禁**とする。

$$Fe + 2HCl \longrightarrow FeCl_2 + H_2$$

4 ボイラー休止中の保存方法

◎ボイラーの**燃焼側及び煙道**は休止中に湿気を帯びやすいため、休止中の保存が悪いと内外面に腐食が生じ、ボイラーの寿命を著しく短縮してしまう。そこで、休止する場合はすすや灰を完全に**除去**して、**防錆油**、又は**防錆剤**などを塗布する。

◎水側の保存法には、乾燥保存法と満水保存法がある。

◎**乾燥保存法**は、休止期間が**長期**にわたる場合、又は凍結のおそれがある場合に採用される。ボイラー水を**全部排出**して内外面を清掃した後、少量の燃料を燃焼させ**完全に乾燥**させる方法である。

◎**満水保存法**は、**3か月程度以内**の比較的**短期間休止**する場合や、緊急時の使用に備えて休止する場合に採用される。ただし、**凍結**のおそれがある場合には**採用してはならない**。満水保存法における注意事項は次のとおりである。

①**保存剤**が**所定の濃度**になるようにボイラーに連続注入するか、又は間欠的に注入する。
②月に**1〜2回**、保存水の**薬剤の濃度**などを測定し、所定の値を保つよう管理する。

□ **1．** 運転停止の際は、ボイラーの水位を常用水位に保つように給水を続け、蒸気の送り出しを徐々に減少する。

□ **2．** 運転停止の際は、ファンを止めた後、燃料の供給を停止し、石炭だきの場合は炉内の石炭を完全に燃え切らせる。

□ **3．** 運転停止後は、ボイラーの蒸気圧力がないことを確かめた後、給水弁及び蒸気弁を閉じる。

□ **4．** 給水弁及び蒸気弁を閉じた後は、ボイラー内部が真空にならないように、空気抜き弁を開いて空気を送り込む。

□ **5．** ボイラー水の排出は、ボイラー水がフラッシュしないように、ボイラー水の温度が 100℃ 以下になってから吹出し弁を開いて行う。

□ **6．** 酸洗浄の使用薬品には、りん酸が多く用いられる。

□ **7．** 酸洗浄は、酸によるボイラーの腐食を防止するため抑制剤（インヒビタ）を添加して行う。

□ **8．** 酸洗浄について、薬液で洗浄する前には中和防錆処理を行い、水洗する。

□ **9．** シリカ分の多い硬質スケールを酸洗浄するときは、所要の薬液で前処理を行い、スケールを膨潤させる。

□ **10．** 酸洗浄作業中は、水素が発生するのでボイラー周辺を火気厳禁にする。

□ **11．** ボイラーの燃焼側及び煙道は、すすや灰を完全に除去して、防錆油又は防錆剤などを塗布する。

□ **12．** 乾燥保存法は、休止期間が 3 か月程度以内の比較的短期間休止する場合に採用される。

□ **13．** 乾燥保存法では、ボイラー水を全部排出して内外面を清掃した後、少量の燃料を燃焼させ完全に乾燥させる。

□ **14．** 満水保存法は、凍結のおそれがある場合には採用できない。

□ **15．** 満水保存法では、月に 1 ～ 2 回、保存水の薬剤の濃度などを測定し、所定の値を保つよう管理する。

解答 **1．**○ **2．**× **3．**○ **4．**○ **5．**× **6．**× **7．**○ **8．**× **9．**○ **10．**○ **11．**○ **12．**× **13．**○ **14．**○ **15．**○

第2章 取扱いに関する知識

15 水管理（不純物等）

重要度 ★★

第2章

取扱いに関する知識

💧 水の性質

1 pH

◎水溶液が酸性かアルカリ性かは、水中の**水素イオン**(H^+)と、**水酸化物イオン**(OH^-)の量により定まる。酸性になるほど、水素イオン濃度は大きくなり、水酸化物イオン濃度は小さくなる。

◎また、酸性又はアルカリ性の程度を表す方法として、**水素イオン指数pH**（ピーエイチ、ペーハー）が用いられる。

◎常温（25℃）で pH が**7未満は酸性**、**7は中性**、**7を超えるものはアルカリ性**である。

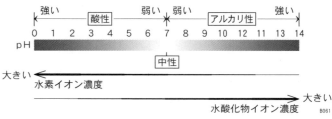

【pHと水の性質】

◎ボイラー水は、鉄の腐食を防ぐなどの理由から、一般に**アルカリ性**に調整してある。

2 酸消費量

◎**酸消費量**は、水中に含まれる**水酸化物**（水酸化ナトリウムなど）、**炭酸塩**（炭酸カルシウムなど）、**炭酸水素塩**（炭酸水素ナトリウムなど）などの**アルカリ分**を示すもので、炭酸カルシウム$CaCO_3$に換算して**試料1ℓ中のmg数**で表す。また、**酸消費量（pH4.8）**と、**酸消費量（pH8.3）**の2つに区分される。

◎酸消費量が多い水（水溶液）ほど、アルカリ性が強いことになる。

◎酸消費量で2つの基準が使われているのは、調べようとする水のアルカリ性の違いと、pH指示薬が関係している。

◎酸消費量（pH4.8）では、pHが4.8超の水（水溶液）に対し、酸を加えてpH4.8にした際、加えた酸の量を表す。また、pH指示薬（メチルレッド溶液）は、ちょうどpH4.8付近で色が変化するものが使われる。

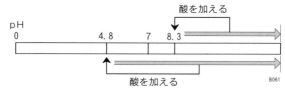

【酸消費量pH4.8とpH8.3の考え方】

118

◎同様に、酸消費量（pH8.3）ではpHが8.3超の水（水溶液）に対し、酸を加えてpH8.3にした際、加えた酸の量を表す。また、pH指示薬（フェノールフタレイン溶液）はちょうどpH8.3付近で色が変化するものが使われる。例えば、pHが8.3超の水（アルカリ性の水溶液）は、2つの酸消費量を比べると、pH4.8の方が大きくなる。

3 硬度

◎硬度は、全硬度、カルシウム硬度、マグネシウム硬度に区分される。

◎全硬度は、水中の**カルシウムイオン**（Ca^{2+}）及び**マグネシウムイオン**（Mg^{2+}）の量を、これに対応する**炭酸カルシウム**の量に換算して**試料1ℓ中の mg 数**で表す。

◎**カルシウム硬度**は、水中のカルシウムイオンの量を、これに対応する**炭酸カルシウム**の量に換算して**試料1ℓ中の mg 数**で表す。また、**マグネシウム硬度**は、水中のマグネシウムイオンの量を、これに対応する**炭酸カルシウム**の量に換算して**試料1ℓ中の mg 数**で表す。

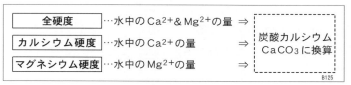

【各種硬度】

◎硬度の小さい水を軟水、硬度の大きい水を硬水という。軟水はカルシウムやマグネシウムなどの塩類が少ないため、ボイラー水に適している。一方、硬水はミネラル分の補給に適している。

🔥 不純物の種類

1 溶存気体

◎**溶存気体**とは、水中に溶け込んでいる気体をいう。

◎ボイラー水の溶存気体には、**酸素**（O_2）、**二酸化炭素**（CO_2）がある。これらの溶存気体は、**鋼材の腐食の原因**となる。

◎酸素は直接腐食（酸化）作用をもっているほか、他の物質との化学作用により腐食を助長させる。また、二酸化炭素は、酸素と共存すると助長し合って腐食作用を繰り返し進行させる。

◎水中の溶存酸素を除去するには、脱酸素剤で脱気する化学的脱気法と、脱気器を使用した物理的脱気法がある。

《物理的脱気法の種類》

加熱脱気法	水を加熱し、溶存気体の溶解度を下げることにより、溶存気体を除去する。
真空脱気法	水を真空雰囲気にさらすことによって、溶存気体を除去する。
膜脱気法	高分子気体透過膜の片側に水を供給し、反対側を真空にして溶存気体を除去する。

2 全蒸発残留物

◎**全蒸発残留物**は、ボイラー内で**スケール**や**スラッジ**となり、**腐食**や伝熱管の**過熱**の原因となる。伝熱管の過熱は、全蒸発残留物が伝熱管に付着し、熱が伝わりにくくなることで発生する。

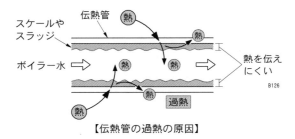

【伝熱管の過熱の原因】

◎全蒸発残留物の量は、水中の**溶解性蒸発残留物**と**懸濁物**の**合計量**である。
◎**溶解性蒸発残留物**は、水に溶解するものの水の蒸発後に残留する物質で、スケールとスラッジから成る。具体的には、カルシウム化合物、マグネシウム化合物、シリカ化合物などである。
◎**スケール**は、ボイラー内で溶解性蒸発残留物が次第に濃縮され、伝熱面などの表面に固体として析出し固着したものである。また、**スラッジ**は固着しないでドラム底部などに堆積した軟質の沈殿物で、「かまどろ」とも呼ばれる。

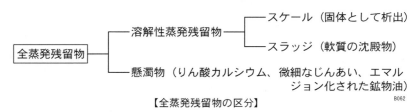

【全蒸発残留物の区分】

◎**懸濁物**には、りん酸カルシウムなどの不溶物質、微細なじんあい、エマルジョン化された鉱物油などがあり、キャリオーバの原因となる。

[用語] スケール（scale）…湯あか。金ごけ。歯石。
　　　　スラッジ（sludge）…泥。汚泥。
　　　　析出…溶液又は溶融状態から結晶が分離して出てくること。

じんあい（塵埃）…ちりやほこり。ごみ。

懸濁物…顕微鏡で見える程度の大きさの微粒子が液体中に分散したもの。

［解説］エマルジョン（emulsion）…乳濁液ともいう。液体中に液体粒子がコロイド粒子、あるいはそれより粗大な粒子として分散して乳状を成すもの。油と水とを混ぜて振れば一時的にエマルジョンを生じるが、すぐに2層に分離してしまう。安定なエマルジョンを作るためには乳化剤を用いる。

3 腐食

◎ボイラーは、給水中に含まれている溶存気体（O_2、CO_2など）や、水のpHを下げる種々の化合物、溶解塩類及び**電気化学的作用**などによって腐食が生じる。

◎腐食は、その形態によって、**全面腐食**と**局部腐食**がある。**局部腐食**には孔食（**ピッチング**）、**グルービング**などがある。

【腐食の形態】

B124

◎ピッチング（孔食）は、金属表面に**小さな穴**（米粒から豆粒大）が多数生じる。グルービングは、細長く連続した**溝状の腐食**で、膨張収縮が繰り返され材料に疲れが生じた場合に発生する。

《ピッチング》

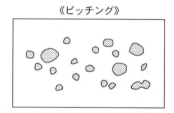

《グルービング》

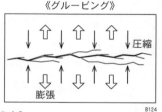

圧縮

膨張

【局部腐食】

B124

［用語］ピッチング（pitting）…穴を開けること。pit（くぼみ、穴）＋ing。投球のピッチングは pitching。

　　　　グルービング（grooving）…溝・細長いくぼみを作ること。groov（溝）＋ing。

◎腐食は、一般に**電気化学的作用**により**鉄がイオン化**することによって生じる。

$$Fe \longrightarrow Fe^{2+} + 2e^-$$

◎**アルカリ腐食**とは、ボイラー水中が**高温環境下**となり**水酸化ナトリウム**が濃縮し、これが鋼材と反応して腐食することをいう。普通鉄の腐食は酸によって進行するため、アルカリによる腐食をこのように呼ぶ。

$$Fe + 2OH^- \rightleftharpoons Fe(OH)_2 + 2e^-$$

[注意] 鉄のイオン化も含め、化学反応式はいずれも一部である。腐食は、いくつかの化学反応が同時に進行するものと考えられている。

―――――――――――― 確認 テスト ――――――――――――

☐ 1．水溶液が酸性かアルカリ性かは、水中の水素イオンと水酸化物イオンの量により定まる。

☐ 2．常温（25℃）で pH が 7 未満はアルカリ性、7 は中性である。

☐ 3．酸消費量は、水中に含まれる酸化物、炭酸塩、炭酸水素塩などの酸性分の量を示すものである。

☐ 4．ボイラー水の酸消費量を調整することによって、腐食を抑制する。

☐ 5．ボイラー水の pH を酸性に調整することによって、腐食を抑制する。

☐ 6．酸消費量には、酸消費量（pH4.8）と酸消費量（pH8.3）がある。

☐ 7．マグネシウム硬度は、水中のマグネシウムイオンの量を、これに対応する炭酸マグネシウムの量に換算して試料 1 L 中の mg 数で表す。

☐ 8．給水中に含まれる溶存気体の O_2 や CO_2 は、鋼材の腐食の原因となる。

☐ 9．加熱脱気法は、水を加熱し、溶存気体の溶解度を下げることにより、溶存気体を除去する方法である。

☐ 10．真空脱気法は、水を真空雰囲気にさらすことによって、溶存気体を除去する方法である。

☐ 11．膜脱気法は、高分子気体透過膜の片側に水を供給し、反対側を加圧して溶存気体を除去する方法である。

☐ 12．スケールの熱伝導率は、炭素鋼の熱伝導率より低い。

☐ 13．スケールは、溶解性蒸発残留物が濃縮され、ドラム底部などに沈積した軟質沈殿物である。

☐ 14．懸濁物には、りん酸カルシウムなどの不溶物質、エマルジョン化された鉱物油などがある。

☐ 15．腐食は、一般に電気化学的作用により生じる。

☐ 16．局部腐食には、ピッチング、グルービングなどがある。

☐ 17．アルカリ腐食は、高温のボイラー水中で濃縮した水酸化カルシウムと鋼材が反応して生じる。

解答 1．○ 2．× 3．× 4．○ 5．× 6．○ 7．× 8．○
9．○ 10．○ 11．× 12．○ 13．× 14．○ 15．○ 16．○ 17．×

第2章 取扱いに関する知識

16　水管理（補給水処理）

重要度　★★

1　イオン交換法

◎ボイラーに補給する水を、水質基準値に適合させるために行う処理を**補給水処理**といい、**懸濁物**と**溶解性蒸発残留物**を除去する目的がある。

◎**補給水処理**には種々の方法があり、溶解性蒸発残留物の除去には、イオン交換法などがある。

◎**イオン交換法**は、容器内のイオン交換樹脂の層に給水を通過させて、給水のもつ**イオンを樹脂に吸着**させ、樹脂のもつイオンと交換させる方法である。イオン交換法では、**単純軟化法**が広く普及している。

2　単純軟化法

◎**単純軟化法**は、給水の硬度成分を除去してイオン交換を行うもので、最も簡単な構造の**軟化装置**を使用する。この方法は、**低圧ボイラー**に広く普及している。

◎軟化装置は、給水を、**強酸性陽イオン交換樹脂**を充填したNa塔に通過させて、給水中の硬度成分である**カルシウム及びマグネシウム**を取り除き、樹脂に吸着している**ナトリウム**と置換するものである。この過程を**軟化**という。

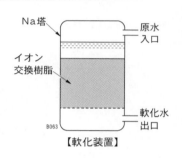

【軟化装置】

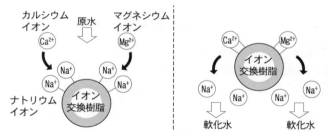

【イオン交換樹脂の働き】

［解説］強酸性陽イオン交換樹脂…スルホ基（−SO₃H）を交換基としてもつ樹脂で、塩酸などと同様に解離して強酸性を示す。Hの代わりにNaをもつものを特にNa形という。Rをイオン交換樹脂の母体とすると、R − SO₃Naで表され、$Na^+ \Leftrightarrow Ca^{2+}$のように陽イオンを交換することができる。

◎軟化装置で処理されて出てくる水の硬度は、**通水開始後は0**に近いが、次第に水に硬度成分が残るようになる。これは、樹脂に吸着される硬度成分（カルシウム及びマグネシウム）が飽和状態となるためである。

◎軟化装置で処理できる限度を**貫流点**という。処理
水の**残留硬度**は、貫流点を超えると**著しく増加**し
てくる。
　［用語］貫流…つらぬいて流れること

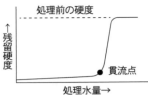

【処理水量と残留硬度の関係】

③ 再生操作

◎軟化装置による処理水の残留硬度が**貫流点に達したら**、通水を止め**再生操作**を行う。
◎**強酸性陽イオン交換樹脂**の交換能力が減少した場合、一般に食塩水で負荷目的に合うイオン（ナトリウムイオン）を吸着させ、樹脂の**交換能力を再生**させることができる。
◎ただし、使用とともに次第に表面が鉄分で汚染され、交換能力が減退する。このため、1年に1回程度、鉄分による汚染の程度を調査し、樹脂の**洗浄及び補充**を行う。

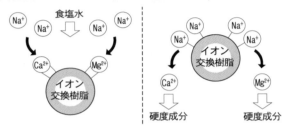

【イオン交換樹脂の再生】

確認テスト

□**1.** 軟化装置は、給水を強酸性陽イオン交換樹脂を充填した Na 塔に通過させて、給水中の硬度成分を取り除くものである。

□**2.** 軟化装置は、水中のカルシウム及びマグネシウムを除去することができる。

□**3.** 軟化装置による処理水の残留硬度は、貫流点を超えると著しく減少してくる。

□**4.** 軟化装置による処理水の残留硬度が貫流点に達したら、通水を止め再生操作を行う。

□**5.** 軟化装置の強酸性陽イオン交換樹脂の交換能力が低下した場合は、一般に塩酸で再生を行う。

□**6.** 軟化装置の強酸性陽イオン交換樹脂は、1年に1回程度鉄分による汚染などを調査し、樹脂の洗浄及び補充を行う。

□**7.** 軟化装置は、水中の、鉄のイオン化を減少させる装置である。

解答　　　**1.** ○　**2.** ○　**3.** ×　**4.** ○　**5.** ×　**6.** ○　**7.** ×

17 水管理（清缶剤） 重要度 ★★★

1 清缶剤の分類

◎清缶剤は、ボイラー本体に対する**スケールの付着を防止**する機能と、ボイラー水の**pH 及び酸消費量を調節**する機能をもつ薬品である。

◎清缶剤をその作用によって分類すると、次のようになる。市販の清缶剤は、これらを調合しているため、使用に際してはその主目的に合ったものを選択しなければならない。

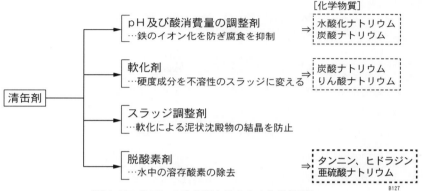

【清缶剤の作用による分類と該当する化学物質】

B127

〔pH 及び酸消費量の調整剤〕

◎ pH 及び酸消費量の調整剤を使用することで、次の効果がある。

酸消費量を適度に保つことで、水中での**鉄のイオン化**を減らし、**腐食を抑制**する。

低圧ボイラーでは pH を障害のない程度に高くすることで、ボイラー水中の**シリカ（SiO2）を可溶性の化合物**に変えることができる。低圧ボイラーでは**酸消費量付与剤**として、**水酸化ナトリウム NaOH** や**炭酸ナトリウム Na_2CO_3** が用いられている。

〔解説〕シリカの二酸化ケイ素は、非金属元素（ケイ素）の酸化物であり、アルカリと反応するため酸性酸化物と呼ばれる。酸性のシリカはアルカリと中和反応する。
水酸化ナトリウムは強アルカリ性である。炭酸ナトリウムは水溶液がやや強いアルカリ性を示す。

〔軟化剤〕

◎**軟化剤**は、ボイラー水中の**硬度成分**（カルシウムやマグネシウム化合物）を**不溶性の化合物**（スラッジ）に変えるための薬剤である。

〔注意〕「軟化」はこの場合、水中の硬度成分を除去することをいう。

◎炭酸ナトリウムNa_2CO_3、りん酸ナトリウムNa_3PO_4などが用いられる。

例：$Ca(OH)_2 + Na_2CO_3 \longrightarrow CaCO_3（沈殿） + 2NaOH$

〔スラッジ調整剤〕

◎スラッジ調整剤は、ボイラー内で軟化して生じた沈殿物が、伝熱面に焼き付きスケールとして固まらないように、**泥状沈殿物の結晶の成長を防止**するための薬剤である。

〔脱酸素剤〕

◎脱酸素剤は、ボイラー給水中の**溶存酸素を除去**するための薬剤である。

◎脱酸素剤として、**タンニン、亜硫酸ナトリウム、ヒドラジン**などがある。

〔解説〕タンニンは植物の葉などに含まれるポリフェノールの総称で、酸素と反応する。

亜硫酸ナトリウムNa_2SO_3は、防腐剤や脱酸素剤として用いられる。酸化されやすい特性がある。

ヒドラジンN_2H_4は、強い還元性（酸素を奪いやすい性質）を持ち、ロケットや航空機の燃料として用いられる。

確認テスト

☐ **1.** 清缶剤の使用目的の1つとして、ボイラー内で軟化により生じた泥状沈殿物の結晶の成長防止がある。

☐ **2.** 清缶剤の使用目的の1つとして、ボイラーの伝熱面へのすすの付着防止がある。

☐ **3.** 清缶剤の使用目的の1つとして、ボイラー給水中の溶存酸素の除去がある。

☐ **4.** 清缶剤の使用目的の1つとして、不溶性の化合物（スラッジ）をボイラー水に溶解させることがある。

☐ **5.** 清缶剤の使用目的の1つとして、酸消費量を適度に保つことによる腐食の抑制がある。

☐ **6.** 脱酸素剤は、ボイラー給水中の酸素を除去するための薬剤である

☐ **7.** 脱酸素剤には、タンニン、亜硫酸ナトリウム、ヒドラジンなどがある。

☐ **8.** 低圧ボイラーでは酸消費量付与剤として、塩化ナトリウムが用いられる。

☐ **9.** 低圧ボイラーの酸消費量付与剤としては、一般に亜硫酸ナトリウムが用いられる。

☐ **10.** 軟化剤は、ボイラー水中の硬度成分を不溶性の化合物（スラッジ）に変えるための薬剤である。

☐ **11.** 軟化剤には、炭酸ナトリウム、りん酸ナトリウムなどがある。

☐ **12.** スラッジ調整剤は、ボイラー内で生じた泥状沈殿物の結晶の成長を防止するための薬剤である。

解答 **1.** ○ **2.** × **3.** ○ **4.** × **5.** ○ **6.** ○ **7.** ○ **8.** ×
9. × **10.** ○ **11.** ○ **12.** ○

第3章	燃料及び燃焼に関する知識

1 燃料概論

1 燃料の分析

◎液体、固体燃料にはその組成を示すのに炭素、水素、窒素及び硫黄（石炭のように灰分が多い場合は燃焼性硫黄）を測定し、100からそれらの成分を差引いた値を酸素として扱う元素分析が用いられ、質量（%）で表される。

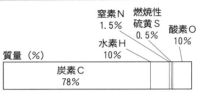

【液体・固体燃料の元素分析の例】

◎気体燃料には、メタン、エタン等の含有成分を測定する成分分析が用いられ、体積（%）で表される。

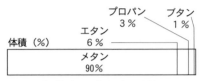

【天然ガスの成分分析の例】

◎日本工業規格による工業分析は、石炭などの固体燃料を気乾試料として、水分、灰分及び揮発分を測定し、残りを固定炭素として質量（%）で表す。これらは石炭の分類及びその燃焼特性を表すものとして測定される。

【石炭の工業分析の例】

［用語］気乾…空気中で乾燥させること。

灰分…石炭や木炭などが完全燃焼後、残留する不燃焼性鉱物質をいう。

2 着火温度

◎燃料を空気中で加熱すると温度が徐々に上昇し、他から点火しないで自然に燃え始める最低の温度を、着火温度又は発火温度という。

◎着火温度は、燃料が加熱されて酸化反応によって発生する熱量と外気に放散する熱量との平衡によって決まる。

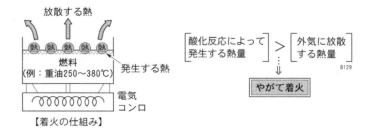

【着火の仕組み】

第3章 燃料及び燃焼

3 引火点

◎液体燃料を加熱すると**蒸気**が発生し、これに小火炎を近づけたときに、**瞬間的に光を放って燃え始める最低の温度**を引火点という。

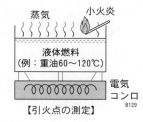

【引火点の測定】

4 発熱量

◎発熱量とは、燃料を完全燃焼させたときに発生する熱量をいう。

◎単位は、**液体と固体燃料が（MJ/kg）、気体燃料が（MJ/m³N）**を用いる。例えば、重油の発熱量（低発熱量）は、約 41 ～ 43MJ/kg である。

［解説］ MJ…メガジュールを表す記号。1 MJ＝1000kJ＝1 × 10^6 J。

　　　　 m³N…ノルマル立方メートルを表す。ノルマル(normal)は標準の意。標準状態（標準大気圧・ 0℃・乾燥状態）における 1 m³ であることを表している。

◎発熱量の表示には、次の 2 通りの表し方がある。

高発熱量	水蒸気の潜熱を含んだ発熱量で、**総発熱量**ともいう。
低発熱量	高発熱量より**水蒸気の潜熱**を差し引いた発熱量で、**真発熱量**ともいう。

◎低発熱量は、水蒸気の潜熱が利用できない場合に用いられる。**ボイラーは一般に低発熱量を採用する。**また、ガソリンエンジンなども低発熱量を用いる。

◎高発熱量と低発熱量の**差**は、燃料に含まれる**水素及び水分**の割合によって決まる。水素及び水分の割合が大きくなるほど、その差も大きくなる。

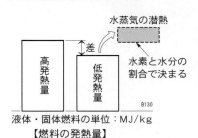

液体・固体燃料の単位：MJ/kg
【燃料の発熱量】

□1. 燃料の組成を示す場合、通常、液体燃料及び固体燃料には成分分析が、気体燃料には元素分析が用いられる。

□2. 燃料の工業分析では、( ) を気乾試料として、水分、灰分及び ( ) を測定し、残りを ( ) として質量（％）で表す。

□3. 燃料を空気中で加熱し、他から点火しないで自然に燃え始める最低の温度を ( ) という。( ) は、燃料が加熱されて ( ) 反応によって発生する熱量と、外気に放散される熱量との平衡によって決まる。

□4. ( ) 燃料を加熱すると ( ) が発生し、これに小火炎を近づけると瞬間的に光を放って燃え始める。この光を放って燃える最低の温度を ( ) という。

□5. 液体燃料に小火炎を近づけたとき、瞬間的に光を放って燃え始める最低の温度を引火点という。

□6. 発熱量とは、燃料を完全燃焼させたときに発生する熱量をいう。

□7. 液体燃料及び固体燃料の発熱量の単位は、通常、MJ/kg で表す。

□8. 低発熱量は、高発熱量から水蒸気の潜熱を差し引いた発熱量で、真発熱量ともいう。

□9. 高発熱量は、水蒸気の潜熱を含んだ発熱量で、総発熱量ともいう。

□10. 高発熱量と低発熱量の差は、燃料に含まれる炭素の割合によって決まる。

解答 1. × 2. 固体燃料 / 揮発分 / 固定炭素 3. 着火温度 / 着火温度 / 酸化 4. 液体 / 蒸気 / 引火点 5. ○ 6. ○ 7. ○ 8. ○ 9. ○ 10. ×

2 重油の性質 (1)

液体燃料の特性

種類		C重油（3種）	B重油（2種）	A重油（1種）	軽油	灯油
密度（15℃）(g/cm³)		0.93	0.89	0.86	0.82〜0.85	0.78〜0.80
化学成分(%)	C	83.03	86.00	86.58	86.58	86.70
	H	10.48	11.34	11.83	13.25	13.00
	O	0.48	0.36	0.70	−	−
	N	0.29	0.18	0.03	−	−
	S	2.85	2.10	0.85	0.001以下	0.001
低発熱量(MJ/kg)		40.92	42.40	42.73	43.0	43.15
引火点（℃）		70	60	60	50	40

1 重油の分類

◎重油は、動粘度により1種（A重油）、2種（B重油）及び3種（C重油）に分類される。C重油は最も粘度が大きい。

2 重油の性質

◎重油の**密度**は温度により変化し、温度が**上昇する**と**減少する**。A重油は密度が**小さく**、C重油は密度が**大きい**。

◎密度の**小さい**A重油は、密度の**大きい**C重油より一般に**引火点が低い**（引火しやすい）。

◎重油の**発熱量**の特徴は、固体、気体燃料に比べ変化が少ないが、**密度の小さいもの**は単位質量当たりの発熱量が**大きい**ことである。

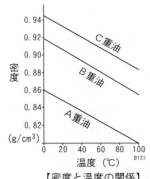

【密度と温度の関係】

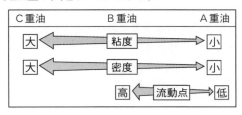

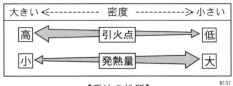

【重油の性質】

◎液体燃料の流れにくさを表すものに、**粘度**がある。粘度をその温度の密度で除したものを動粘度という。密度が大きい重油は、一般に粘度が高い。

◎重油の**粘度（動粘度）**は、温度が上昇すると**低く**なる。B重油及びC重油を予熱して使用するのは、粘度を低くするためである。

◎**凝固点**は、油が低温になって凝固する**最高温度**のことである。

◎**流動点**は、油を冷却したときに流動状態を保つことができる最低温度をいう。一般に温度は凝固点より2.5℃高い。流動点の低い油ほど、流動性が良い。

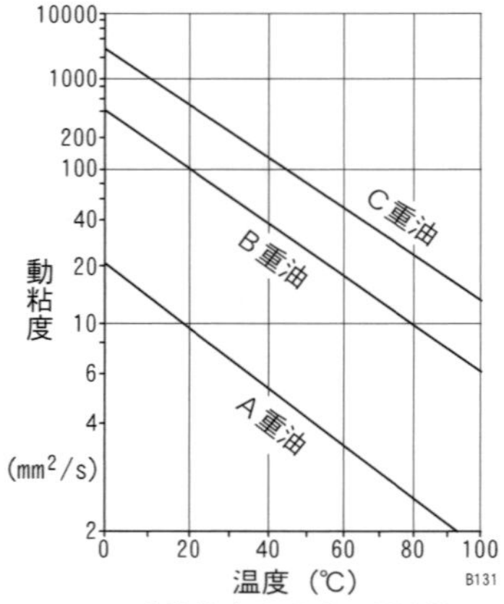

【動粘度と温度の関係】

◎**流動点**の高い油は、予熱や配管などの加熱・保温を行い、**流動点以上**の温度にして取り扱う必要がある。A重油は5℃以下で、B重油は10℃以下となっている。

◎重油の**比熱**は、**温度**及び**密度**によって変わる。50～200℃における平均比熱は、約2.3kJ/(kg·K)である。なお、原油の比熱は約1.7kJ/(kg·K)である。

確認テスト

□**1.** 重油の密度は、温度が上昇すると増加する。
□**2.** 密度の小さい重油は、密度の大きい重油より一般に引火点が低い。
□**3.** 密度の小さい重油は、密度の大きい重油より単位質量当たりの発熱量が大きい。
□**4.** C重油は、A重油より単位質量当たりの発熱量が大きい。
□**5.** C重油は、A重油より引火点が低い。
□**6.** 重油の粘度は、温度が上昇すると低くなる。
□**7.** 重油が低温になって凝固するときの最低温度を凝固点という。
□**8.** 重油の比熱は、温度及び密度によって変わる。

解答　**1.** ×　**2.** ○　**3.** ○　**4.** ×　**5.** ×　**6.** ○　**7.** ×　**8.** ○

3 重油の性質（2）

重要度 ★

1 重油の成分による障害

◎**残留炭素**とは、燃料を一定の試験方法で燃やした場合に、燃え残る炭化物をいう。バーナが不調であるとその噴霧孔や燃焼室に付着しやすい。また、残留炭素分が**多いほど、ばいじん量は増加**する。

［用語］ばいじん（煤塵）…燃焼後に生じる固体微粒子で、すすとダストから成る。

◎重油に含まれる水分及びスラッジは、固体燃料に比べると極めて**少ない**。重油に含まれる水分及びスラッジによる障害は、次のとおりである。

《水分が多いときの障害》

- **熱損失を招く**（発生する熱が重油中の水分の蒸発に使われる）。
- **息づき燃焼**を起こす。

◎息づき燃焼は、バーナによる火炎が**短く断続**する状態をいう。複数の原因がある。重油中に水分が多いと、バーナの先端で油の他に水の蒸気が同時に発生するため、一時的に燃焼が断続する。

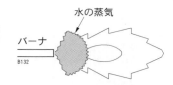

【いきづき燃焼】

◎重油の貯蔵中に生じる**スラッジ**は、重油に含まれる**アスファルテン**（アスファルトの成分）などの高分子量のものが、重油中で**溶解、分散**せず貯蔵中に**分離して**たい積したものである。

《スラッジによる障害》

- 弁、ろ過器、**バーナチップ**などを**閉塞**させる。
- ポンプ、流量計、**バーナチップ**などを**摩耗**させる。

◎重油中の灰分は、重油の燃焼後に、ボイラーの**伝熱面に付着して伝熱を阻害**する。

◎重油中の灰分に含まれている**バナジウム**は、燃焼時に酸化物となり、ボイラーの高温部に付着すると溶融して**高温腐食**を引き起こす。高温腐食は、付着面の温度が**600℃以上**になると多く発生する。

【伝熱管の高温腐食】

◎重油中の**硫黄分**は、次の障害を引き起こす。

《硫黄分による障害》

- 燃焼により有害な**硫黄酸化物**を生成する。これは大気汚染の原因となる。
- ボイラーの低温部に接触して**低温腐食**を起こす。

（第3章 ⑨ 重油ボイラーの低温腐食 参照）

◎**低温腐食**は、燃焼によって生じた**硫黄酸化物（SOx）**が、燃焼ガス中の水分と反応して**硫酸蒸気**となり、これが**露点以下に冷やされ凝縮**することによって引き起こされる。

◎**高温腐食**を起こすのは、重油中の灰分に含まれるバナジウムである。バナジウムは、燃焼時に酸化物となり、これがボイラーの高温部に付着すると溶融して高温腐食を引き起こす。

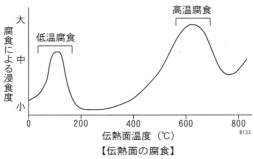

【伝熱面の腐食】

確認テスト

☐ 1．残留炭素分が多いほど、ばいじん量は増加する。

☐ 2．重油に含まれる水分が多いと、バーナ管内でベーパロックを起こす。

☐ 3．重油に含まれる水分が多いと、息づき燃焼を起こす。

☐ 4．重油に含まれる水分が多いと、熱損失が増加する。

☐ 5．重油に含まれる水分が多いと、炭化物が生成される。

☐ 6．重油の貯蔵中に生じるスラッジは、ポンプ、流量計、バーナチップなどを摩耗させる。

☐ 7．重油中の灰分は、ボイラーの伝熱面に付着し伝熱を阻害する。

☐ 8．硫黄分は、ボイラーの伝熱面に高温腐食を起こす。

解答　1．〇　2．×　3．〇　4．〇　5．×　6．〇　7．〇　8．×

4 気体燃料

重要度 ★★

1 気体燃料の特徴

◎気体燃料は**メタン**（CH_4）などの**炭化水素**を主成分とする。種類によっては、**水素**（H_2）、**一酸化炭素**（CO）などを含有する。液体、固体燃料に比べ、成分中の炭素（C）に対する**水素の比率が高い**。このため、同じ熱量を発生させた場合、**二酸化炭素**（CO_2）の排出量が**少なく**、ばいじんの発生が**少ない**。

◎例えば、CH_4 と液体燃料のオクタン C_8H_{18} を比べると、成分中の C：H は、CH_4＝1：4、C_8H_{18}＝1：2.25 となる。

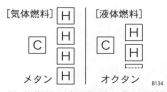

［気体燃料］　　［液体燃料］

メタン　　　オクタン

B134

【気体燃料と液体燃料の成分比較】

◎気体燃料は固体燃料と比較して、燃料中の**硫黄分**（S）、窒素分、灰分が少ないため、公害防止上有利で、伝熱面、火炉壁を**汚染**することがほとんどない。

◎**燃料費**が他の燃料に比べると**割高**であり、一般に**配管口径が太くなる**ので、**配管費、制御機器費**などが高くなる。

◎気体燃料は固体燃料と比較して、いったん**漏えい**すると**可燃混合気を作りやすく爆発の危険**がある。

2 天然ガス（都市ガス）

◎**液化天然ガス**（LNG）は天然ガスを産地で精製した後、－162℃に冷却し**液化**したものである。都市ガスのほとんどが**天然ガスを原料**としている。天然ガスはメタン（CH_4）を主成分としており、**空気より軽い**。

［用語］LNG…Liquefied（液化）Natural Gas の略。

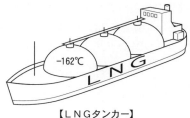

−162℃

LNG

【LNGタンカー】

［参考］天然ガスの成分分析の例（第3章 ① 燃料概論 1. 燃料の分析）参照

◎**都市ガス**は、液体燃料に比べ、**NOx や CO_2 の排出量が少ない**。また、**硫黄 S** を含まないため、**SOx は排出しない**。

［解説］NOx（ノックス）…窒素酸化物の総称である。空気中の窒素 N_2 が高温にさらされることで、ノックスが発生する。

SOx（ソックス）…硫黄酸化物の総称である。液体燃料は硫黄を微量ながら含んでいるため、ソックスが発生する。

第3章

燃料及び燃焼

135

3 液化石油ガス（LPG）

◎液化石油ガスは、常温常圧では気体であるが、圧力を加えると**容易に液化**するため、広く利用されている。

[用語] LPG…Liquefied Petroleum（石油）Gas の略。

◎家庭用は**プロパン（C3H8）とブタン（C4H10）**の混合ガスが使われている。ただし、工業用ではブタンが主に使われている。

◎**高発熱量**は、プロパンが99.1MJ/m³N、ブタンが128MJ/m³Nで、**都市ガスの45.0MJ/m³N**と比べて**発熱量が大きい**。また、プロパンとブタンは、いずれも**空気より重い**。漏えいした場合、LPGは密度が大きいため、くぼみ部等の底部に滞留しやすく、他の気体燃料とは違った配慮が必要である。

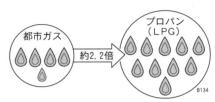

【都市ガスとプロパンの熱量比較】

◎液体燃料ボイラーにおいても、**パイロットバーナ**の燃料はLPGを使用することが多い。パイロットバーナは、主にメインバーナに点火する目的で使用する小形のバーナで、点火用バーナともいう。

[用語] パイロット（pilot）…飛行機の操縦士、～を導く、水先案内をする。

4 副生ガス

◎特定のエリアや工場で使用される**気体燃料**として、製鉄所や石油工場の**副生ガス**がある。副生ガスは、製造過程で副次的に生じる可燃性のガスで、製鉄所では**高炉ガス**、コークス炉ガスなどが該当する。

□ **1.** ボイラー用気体燃料は、ボイラー用固体燃料と比較して、成分中の炭素に対する水素の比率が高い。

□ **2.** ボイラー用気体燃料は、ボイラー用固体燃料と比較して、炭素に対する水素の比率が低いため、ばいじんの発生が少ない。

□ **3.** ボイラー用気体燃料は、ボイラー用固体燃料と比較して、燃料費は割高である。

□ **4.** 気体燃料は、液体燃料に比べ、一般に配管口径が小さくなるので、配管費、制御機器費などが安くなる。

□ **5.** ボイラー用気体燃料は、ボイラー用固体燃料と比較して、漏えいすると、可燃性混合気を作りやすく爆発の危険がある。

□ **6.** LNG は、天然ガスを産地で精製後、$-162℃$ に冷却し液化したものである。

□ **7.** 都市ガスは、一般に天然ガスを原料としている。

□ **8.** 都市ガスは、液体燃料に比べて NOx や CO_2 の排出量は多いが、SOx は排出しない。

□ **9.** LPG は、都市ガスに比べて発熱量が小さい。

□ **10.** LPG は、漏えいすると窪みなどの底部に滞留しやすい。

□ **11.** 液体燃料ボイラーのパイロットバーナの燃料は、LPG を使用することが多い。

□ **12.** ボイラー用気体燃料は、ボイラー用固体燃料と比較して、発生する熱量が同じ場合、CO_2 の発生量が多い。

□ **13.** ボイラー用気体燃料は、ボイラー用固体燃料と比較して、燃料中の硫黄分や灰分が少なく、公害防止上有利で、伝熱面、火炉壁を汚染することがほとんどない。

解答　**1.** ○　**2.** ×　**3.** ○　**4.** ×　**5.** ○　**6.** ○　**7.** ○　**8.** ×
9. ×　**10.** ○　**11.** ○　**12.** ×　**13.** ○

第3章　燃料及び燃焼

5 固体燃料

重要度 ★

1 石炭燃料の特徴

◎ボイラー用の固体燃料としては、石炭が最も多く用いられている。

◎石炭は、石炭化度（炭化度ともいう。）に応じて褐炭、歴青炭、無煙炭に分類される。

①石炭化度（炭化度）は、石炭において炭化の進行の度合いを示すもので、石炭から水分と灰分を除き、残りの成分中で炭素の占める割合を質量％で表す。褐炭、歴青炭、無煙炭の順に石炭化度が大きくなる。

②単位質量当たりの発熱量は、一般に石炭化度の進んだものほど大きい。

③灰分は不燃分なので、これが多いと石炭の発熱量を減らす。灰分が多いもの、溶融して固まったもの（クリンカ）などは、燃焼に悪影響を及ぼす。

④揮発分は、石炭化度の進んだものほど少ない。

⑤固定炭素は、石炭の主成分を成すものである。石炭を火格子上で燃焼させるとき、揮発分が放出された後に残る「おき」は、固定炭素が燃焼しているものである。

《石炭の成分と性状》

成分 ＼ 種類	①石炭化度 小 ← → 大		
	褐炭	歴青炭	無煙炭
②高発熱量（MJ/kg）	20 〜 29	25 〜 35	27 〜 35
	小 ← → 大		
③灰分　質量（%）	2 〜 25	2 〜 20	2 〜 20
④揮発分 質量（%）	30 〜 50	20 〜 45	5 〜 15
	大 ← → 小		
⑤固定炭素質量（%）	30 〜 40	45 〜 80	70 〜 85
	小 ← → 大		
⑥燃料比	1 以下	1.0 〜 4.0	4.5 〜 17
	小 ← → 大		
⑦酸素　質量（%）	15 〜 30	5 〜 15	1 〜 5
	大 ← → 小		

⑥**燃料比**は固定炭素の質量を揮発分の質量で除したもので、褐炭から無煙炭になるにつれて**増加**する。固定炭素は石炭の主成分を成すものである。

$$燃料比 = \frac{固定炭素の質量}{揮発分の質量}$$

B135

⑦石炭の成分中の**酸素の量**は、褐炭から無煙炭になるにつれて**減少**する。

［参考］石炭の工業分析の例（第3章 ① 燃料概論 1．燃料の分析）参照

確認テスト

□**1**．石炭に含まれる固定炭素は、石炭化度の進んだものほど少ない。

□**2**．石炭に含まれる揮発分は、石炭化度の進んだものほど多い。

□**3**．石炭に含まれる灰分が多くなると、燃焼に悪影響を及ぼす。

□**4**．石炭に含まれる灰分が多くなると、石炭の発熱量が減少する。

□**5**．石炭の燃料比は、石炭化度の進んだものほど大きい。

□**6**．石炭の単位質量当たりの発熱量は、一般に石炭化度の進んだものほど大きい。

□**7**．石炭に含まれる固定炭素は、石炭化度の進んだものほど少なく、揮発分が放出された後に「おき」として残る。

解答・解説 **1**．× **2**．× **3**．○ **4**．○ **5**．○ **6**．○ **7**．×

燃料及び燃焼

6 燃焼の要件

1 燃焼の三要素

◎燃焼とは、光と熱の発生を伴う急激な**酸化反応**である。

◎燃焼には**燃料**、**空気**（酸素）及び**温度**（着火源）の３つの要素が必要とされる。

◎着火性と燃焼速度は燃焼にとって大切である。一定量の燃料を**完全燃焼**させるときに、**着火性**が良く**燃焼速度**が速いと、狭い燃焼室で足りる。

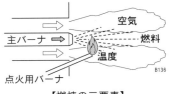

【燃焼の三要素】

2 空気量

◎燃焼に必要な最少の空気量を**理論空気量**という。その単位は、液体及び固体燃料は燃料 1 kg 当たりの m³N/kg で表し、気体燃料は燃料 1 m³N 当たりの m³N/m³N で表す。

$$CH_4 + 2O_2 \longrightarrow CO_2 + 2H_2O$$

1 m³の CH_4 の燃焼に必要な理論酸素量は 2 m³
2 m³の酸素を得るのに必要な理論空気量は約10m³

メタンの理論空気量≒10m³N/m³N

【メタンの理論空気量】

[解説] m³N（ノルマル立方メートル）…第3章 1 4. 発熱量 参照。

◎実際の燃焼に際して送入される空気量を**実際空気量**といい、一般の燃焼では**理論空気量より大きい**。

◎理論空気量に対する実際空気量の比を**空気比**という。理論空気量を A_0、実際空気量を A、空気比を m とすると、$A = mA_0$ という関係が成り立つ。実際空気量が多くなるほど、空気比は大きくなる。

◎微粉炭を燃焼させる場合の空気比は、一般に気体燃料を燃焼させる場合より**大きい**。

（例）一般用ボイラー

各燃料の目標空気比			
燃料	微粉炭	液体燃料	気体燃料
空気比	1.15〜1.3	1.05〜1.3	1.05〜1.3

3 燃焼ガス

◎燃焼ガスは燃焼後のガスで、燃料の酸化物の他に、過剰な酸素や空気中の窒素を含む。

◎**燃焼ガスの成分割合**は、次の要因により変わる。例えば、燃料中に硫黄が多いと SO_x が多くなる。また、空気比が小さいと不完全燃焼により CO が多くなる。

燃料の成分	燃焼の方法	空気比

4 熱損失

◎ボイラーの熱損失のうち、主なものは次のとおりである。

①燃えがら中の未燃分による損失	②不完全燃焼ガスによる損失
③ボイラー周壁からの放熱損失	④排ガス熱による損失
⑤ドレンの排出	

◎ボイラーの熱損失のうち、最も大きなものは、④の排ガス熱によるものである。

◎このため、ボイラーは**空気比を小さくし**て、かつ、**完全燃焼**を行わせるようにしている。空気比を小さくすることで、過剰な空気の吸入を防ぎ、排ガス量を最小にとどめることができる。ただし、空気比を小さくすると不完全燃焼が起きやすいため、注意する。

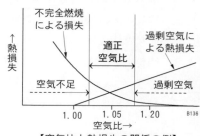

【空気比と熱損失の関係の例】

◎熱伝導率が小さく、かつ、一般に密度の小さい保温材を用いることにより熱損失を小さくできる。

5 燃焼温度

◎燃料を炉内で燃焼させたときの燃焼温度は、次の条件によって変化する。

燃料の種類	空気比	燃焼効率	火炎からの放射
炉壁又は伝熱面への伝熱		燃焼用空気の温度	

◎**実際燃焼温度**は、燃焼効率や外部への熱損失、伝熱面への吸収熱量、その他の影響により、**断熱理論燃焼温度より低くなる**。

［参考］断熱理論燃焼温度とは、燃料が完全燃焼し、外部への熱損失がないと仮定した場合に到達すると考えられる燃焼ガス温度をいう。

第3章 燃料及び燃焼

141

□**1.** 燃焼には、燃料、空気及び温度の三つの要素が必要である。

□**2.** 着火性が良く燃焼速度が速い燃料は、完全燃焼させるときに、狭い燃焼室で良い。

□**3.** 燃料を完全燃焼させるときに、理論上必要な最小の空気量を理論空気量という。

□**4.** 実際空気量は、一般の燃焼では理論空気量より大きい。

□**5.** 理論空気量を Ao、実際空気量を A、空気比を m とすると、A = mAo という関係が成り立つ。

□**6.** 微粉炭を燃焼させる場合の空気比は、一般に気体燃料を燃焼させる場合より小さい。

□**7.** 排ガス熱による熱損失を小さくするには、空気比を大きくして完全燃焼させる。

□**8.** ボイラーの熱損失のうち、一般に最も大きなものは、ドレンによる損失である。

□**9.** 燃焼温度は、燃料の種類、燃焼用空気の温度、燃焼効率、空気比などの条件によって変わる。

解答 1. ○ 2. ○ 3. ○ 4. ○ 5. ○ 6. × 7. × 8. × 9. ○

7 重油燃焼の特徴

1 石炭燃焼と比較した重油燃焼の特徴

長 所

- 重油の発熱量は、石炭より**大きい**。
- 貯蔵中に発熱量の低下や自然発火の**おそれがない**。
- 運搬や貯蔵管理が**容易**である。
- ボイラーの負荷変動に対して、**応答性が優れている**。
- 燃焼操作が容易で、**労力を要することが少ない**。
- **少ない過剰空気で完全燃焼**させることができる。
  空気比は、液体燃料が $1.05 \sim 1.3$ 程度であるのに対し、微粉炭が $1.15 \sim 1.3$ 程度である。
- **すす、ダストの発生が少ないため、灰（クリンカ）処理がほとんど不要である**。
  ［解説］ダスト…燃焼時に生じる固体微粒子で、灰分が主体のもの。
- 急着火、急停止の**操作が容易である**。

短 所

- 燃焼温度が高いため、ボイラーの**局部過熱及び炉壁の損傷**を起こしやすい。
- 油の漏れ込み、点火操作などに注意しないと**炉内ガス爆発**を起こすおそれがある。
- 油の成分によっては、ボイラーを**腐食**させ、又は**大気を汚染**する。
- 油の引火点が低いため、**火災防止**に注意を要する。
- バーナの構造によっては、**騒音を発生**しやすい。

確認テスト

- □ **1.** 少ない過剰空気で完全燃焼させられることは、石炭燃焼と比較した重油燃焼の特徴の１つである。

- □ **2.** ボイラーの負荷変動に対して応答性が優れていることは、石炭燃焼と比較した重油燃焼の特徴の１つである。

- □ **3.** 燃焼温度が高いため、ボイラーの局部過熱及び炉壁の損傷を起こしやすいことは、石炭燃焼と比較した重油燃焼の特徴の１つである。

- □ **4.** 油の漏れ込み、点火操作などに注意しないと炉内ガス爆発を起こすおそれがあることは、石炭燃焼と比較した重油燃焼の特徴の１つである。

- □ **5.** すす及びダストの発生が多いことは、石炭燃焼と比較した重油燃焼の特徴の１つである。

解答 1. ○ 2. ○ 3. ○ 4. ○ 5. ×

第3章 燃料及び燃焼

143

8 重油の加熱

1 加熱の目的と加熱温度

◎重油は、その性状に応じA重油、B重油、C重油に分類できる。A重油は最も粘度が低く、C重油が最も粘度が高い。

◎粘度の高いB重油及びC重油は、**噴霧に適した粘度**にするため加熱する。

◎軽油やA重油は、一般に加熱を必要としない。

◎加熱温度は、B重油が **50 ～ 60℃**、C重油が **80 ～ 105℃** というのが一般的である。

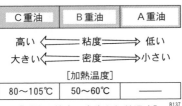

C重油	B重油	A重油

高い ⟸ 粘度 ⟹ 低い
大きい ⟸ 密度 ⟹ 小さい

[加熱温度]

80～105℃	50～60℃	——

【重油の粘度、密度と加熱温度】

B137

◎加熱温度が**低過ぎる**と、次のような障害が発生する。

- 霧化不良となり、**燃焼が不安定**となる。
- **すすが発生**し、炭化物（カーボン）が付着する。噴霧後の油滴が大きくなることから**完全燃焼できず**、燃料から遊離した炭素がすすとなる。

スタビライザ
ノズル部
点火用電極

【バーナ部に付着したすす、炭化物】

◎加熱温度が**高過ぎる**と、次のような障害が発生する。

- バーナ管内で油が気化し、**ベーパロック**（蒸気閉塞）を起こす。この結果、**噴霧状態が不安定**となる。

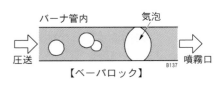

バーナ管内
気泡
圧送
噴霧口
【ベーパロック】

B137

　[解説] ベーパロック（vapor lock）…管内の液体が高温になることで一部が蒸気となり、その気泡が管内に生じる現象をいう。この状態では液体に圧力を加えても、気泡部分が圧縮されることで圧力が円滑に伝わらなくなる。このため、日本では「蒸気閉塞」と訳されている。自動車の油圧ブレーキでも、ブレーキをかけ続けると発生することがある。

- 噴霧状態にむらができることで、**息づき燃焼**が生じる。重油温度が**高過ぎる**と、噴霧後の油滴の大きさがばらばらとなり、むらができる。

　[解説] 息づき燃焼…燃焼が断続する現象。油中の水分によっても生じる。

第3章 燃料及び燃焼

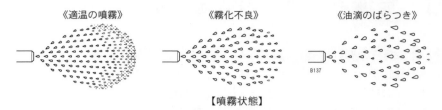

《適温の噴霧》　　　　《霧化不良》　　　　《油滴のばらつき》

【噴霧状態】

- 炭化物（カーボン、コークス）生成の原因となる。噴霧後の大きな油滴が完全燃焼できずに、炭化物となる。
- 燃焼室、燃料や空気供給系の装置による圧力と燃焼が共鳴し、**振動燃焼**が発生する。

―――――――――――――確認テスト―――――――――――――

□ **1.** 油だきボイラーにおいて、粘度の高い重油は、噴霧に適した粘度にするため加熱する。

□ **2.** 油だきボイラーにおいて、C重油の加熱温度は、一般に 50 ～ 60℃である。

□ **3.** 油だきボイラーにおいて、軽油やA重油は、一般に加熱を必要としない。

□ **4.** 油だきボイラーにおける重油の加熱について、加熱温度が低すぎると、霧化不良となり、燃焼が不安定となる。

□ **5.** 油だきボイラーにおける重油の加熱について、加熱温度が低すぎると、息づき燃焼となる。

□ **6.** 油だきボイラーにおける重油の加熱について、加熱温度が低すぎると、すすが発生する。

□ **7.** 油だきボイラーにおける重油の加熱について、加熱温度が低すぎると、バーナ管内でベーパロックを起こす。

□ **8.** 油だきボイラーにおける重油の加熱について、加熱温度が高すぎると、炭化物が生成される原因となる。

□ **9.** 油だきボイラーにおいて、加熱温度が低すぎると、振動燃焼となる。

解答　　**1.** ○　**2.** ×　**3.** ○　**4.** ○　**5.** ×　**6.** ○　**7.** ×　**8.** ○
9. ×

9 重油ボイラーの低温腐食　重要度 ★★

1 低温腐食の抑制措置

◎重油燃焼による低温腐食（硫酸腐食）は、次の仕組みで発生する。

①重油中の**硫黄分**が燃焼により**酸化**されると、**二酸化硫黄SO_2**が生成される。

②二酸化硫黄SO_2が過剰な酸素と反応し、**三酸化硫黄SO_3**となる。

③三酸化硫黄SO_3が燃焼ガス中の水蒸気と反応すると、**硫酸蒸気**となる。

④燃焼ガスの温度が低下し、**硫酸露点**より下がると硫酸蒸気が液体の**硫酸H_2SO_4**となり、**硫酸腐食**が発生する。

　　[解説] 露点…水蒸気を含む空気を冷却したとき、凝結が始まる温度をいう。燃焼ガス中に硫酸蒸気が含まれていない場合の水蒸気の露点は、通常40～60℃程度である。ところが、硫酸蒸気が含まれると、露点（硫酸露点）は含有量に応じて110～180℃に上昇し、容易に結露するようになる。

【低温腐食発生の仕組み】

◎低温腐食は、高温部ではなく温度が120～140℃程度の伝熱管やエコノマイザ、空気予熱器などで発生しやすい。

（第1章 14 附属設備（エコノマイザ＆空気予熱器）参照）

◎低温腐食を抑制するためには、次の措置を講ずる必要がある。

・**硫黄分**の少ない重油を選択する。
・燃焼ガス中の**酸素濃度**を下げ、二酸化硫黄から三酸化硫黄への転換を抑制し、燃焼ガスの露点を下げる。
・**給水温度**を上昇させて、エコノマイザの伝熱面の温度を高く保つ。
・**蒸気式空気予熱器**を用いて、ガス式空気予熱器の伝熱面の温度が低くなり過ぎないようにする。蒸気式空気予熱器をガス式空気予熱器の入り口に設けることで、燃焼ガスの温度低下を防ぐことが出来る。
・低温伝熱面に**耐食材料**を使用する。
・低温伝熱面の表面に**保護被膜**を用いる。
・燃焼室及び煙道への**空気漏入**を防止し、煙道ガスの温度低下を防ぐ。
・重油に添加剤（低温腐食防止剤）を加え、燃焼ガスの**露点を下げる**。 （添加剤は、燃焼ガス中の三酸化硫黄と反応して、非腐食性物質に変える働きがある。）

□1. 硫黄分の少ない重油を選択することは、重油燃焼によるボイラー及び附属設備の低温腐食の抑制措置となる。

□2. 燃焼ガス中の酸素濃度を下げ、燃焼ガスの露点を下げることは、重油燃焼によるボイラー及び附属設備の低温腐食の抑制措置となる。

□3. ガス式空気予熱器を用いて、蒸気式空気予熱器の伝熱面の温度が高くなり過ぎないようにすることは、重油燃焼によるボイラー及び附属設備の低温腐食の抑制措置となる。

□4. 重油燃焼によるボイラー及び附属設備の低温腐食の抑制措置として、硫黄分の少ない重油の選択がある。

□5. 燃焼ガス中の酸素濃度を上げることは、重油燃焼によるボイラー及び附属設備の低温腐食の抑制措置となる。

□6. 給水温度を上昇させて、エコノマイザの伝熱面の温度を高く保つことは、重油燃焼によるボイラー及び附属設備の低温腐食の抑制措置となる。

□7. 燃焼室及び煙道への空気漏入を防止し、煙道ガスの温度の低下を防ぐことは、重油燃焼によるボイラー及び附属設備の低温腐食の抑制措置となる。

□8. 重油に添加剤を加え、燃焼ガスの露点を上げることは、重油燃焼によるボイラー及び附属設備の低温腐食の抑制措置となる。

解答　　1. ○　2. ○　3. ×　4. ○　5. ×　6. ○　7. ○　8. ×

第3章
燃料及び燃焼

147

10 液体燃料の供給装置

1 燃料油タンク

◎燃料油タンクは、**地下に設置する場合**と**地上に設置する場合**とがある。また、用途によって、**貯蔵タンク**と**サービスタンク**に分類される。サービスタンクはボイラーの近くに設置する小容量のタンクである。

《貯油量》

貯蔵タンク	1週間～1か月の使用量
サービスタンク	最大燃焼量の2時間分以上

◎**屋外貯蔵タンク**には、**油送入管**（タンクの上部に取り付け）、**油取出し管**（タンクの底部から20～30cm上方に取り付け）、通気管、**水抜き弁**（ドレン抜き弁）、油逃がし管（オーバフロー管）、**油面計**、温度計、**油加熱器**、掃除穴、アースを取り付ける。**サービスタンク**には、更に**自動油面調節装置**を設ける。

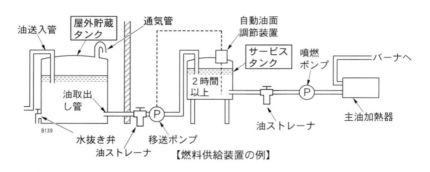

【燃料供給装置の例】

2 油ストレーナ

◎油ストレーナは、油中の土砂、鉄さび、ごみなどの**固形物を除去**するためのものである。ろ過板が組み込まれており、上部には清掃用の回転ブラシを備えている。油ストレーナは、**油受入口、油ポンプの前、バーナの直前や流量計の前**などの送油管に設置する。

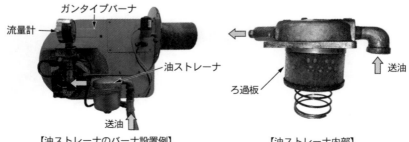

【油ストレーナのバーナ設置例】　　　【油ストレーナ内部】

148

3 油加熱器

◎油加熱器は、燃料油を加熱し、燃料油の噴霧に最適な粘度を得る装置である。

◎油加熱器には、蒸気による間接加熱を用いる蒸気式が一般に設けられているが、電熱式のものがバーナ直前に取り付けられている。

◎主油加熱器は、噴燃ポンプとバーナ間に設置して、バーナの構造に合った適正粘度にまで油を加熱するものである。一方、屋外貯蔵タンクとサービスタンクに設置されている油加熱器は、タンクの底面や出口に配置し、燃料油が適正な粘度になるように加熱する。

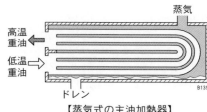

【蒸気式の主油加熱器】

◎C重油の場合、貯蔵タンクからサービスタンクまでは油がポンプで送液できる（30℃〜40℃）に加熱する。

確認テスト

□**1**．液体燃料の燃料油タンクは、用途により貯蔵タンクとサービスタンクに分類される。
□**2**．液体燃料のサービスタンクには、油面計、温度計、自動油面調節装置などを取り付ける。
□**3**．液体燃料の貯蔵タンクの貯油量は、一般に1週間から1か月間の使用量とする。
□**4**．液体燃料のサービスタンクの貯油量は、一般に最大燃焼量の24時間分以上である。
□**5**．液体燃料の貯蔵タンクの油送入管は、油タンクの上部に、油取出し管はタンクの底部から20〜30cm上方に取り付ける。
□**6**．液体燃料のサービスタンク本体には、油ストレーナなどを取り付ける。
□**7**．油ストレーナは、油中の、ごみや水分などを除去するもので、オートクリーナなどがある。
□**8**．燃料油にA重油の粘度以下及び軽質油を用いる場合は、一般に油加熱器を必要としないことが多い。

解答 **1.** ○ **2.** ○ **3.** ○ **4.** × **5.** ○ **6.** × **7.** × **8.** ○

第3章 燃料及び燃焼

11 重油バーナ

◎重油バーナは、燃料油を微粒化することにより気化を促進し、燃焼反応を速く完結させるものである。重油バーナには、次の種類のものがある。

1 圧力噴霧式バーナ

◎圧力噴霧式バーナは、油に高圧力を加え、これをノズルチップから激しい勢いで炉内に噴出させて微粒化する。

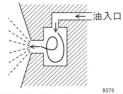
← 油入口

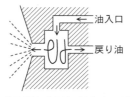
← 油入口
← 戻り油

【単純な圧力噴霧式バーナ】　【戻り油式圧力噴霧バーナ】

◎圧力噴霧式バーナは、**ターンダウン比**（バーナ負荷調整範囲）が**狭い**ため、次の方法を併用して調節する。

- バーナの**数を加減**する。
- 噴霧量に応じて**ノズルチップを取り替える**。
- **戻り油式圧力噴霧バーナ**を用いる。戻り油式圧力噴霧バーナは、重油の一部を戻す構造となっている。この戻り量を調整することで、油圧を下げずに噴霧量を減らすことができ、**バーナ負荷調整範囲（ターンダウン比）が広くなる**。
- **プランジャ式圧力噴霧バーナ**を用いる。プランジャ式圧力噴霧バーナは、プランジャを前後に移動させることで、重油通路の面積を調整できるようになっている。プランジャを奥に移動させると、重油通路が狭くなり、噴霧量が減少する。少量の噴霧でも重油圧力が一定となるため、**バーナ負荷調整範囲（ターンダウン比）が広くなる**。

← 油入口
プランジャ
【プランジャ式圧力噴霧バーナ】

◎**ターンダウン比**は、バーナの定格燃料流量と制御可能な最小燃料流量の比をいう。例えば、この比が 5：1 の場合、定格燃料流量の20％が最小燃料流量となる。ターンダウン比が大きいバーナほど、流量（負荷）の調整範囲が広い。ターンダウン比が制限されるのは、低流量になると霧化が急激に悪化するためである。

［用語］ターンダウン（turndown）…下降、下落。

第3章 燃料及び燃焼

2 蒸気噴霧式バーナ

◎蒸気噴霧式バーナは、圧力を有する蒸気を導入し、そのエネルギーを油の霧化に利用するものである（**高圧蒸気噴霧式バーナ**ともいう）。この場合、蒸気を油の**霧化媒体**という。また、油に高速の蒸気をあてて**微粒化**するため、**ターンダウン比**（バーナ負荷調整範囲）が**広い**（少量の油でも蒸気で微粒化できる）。

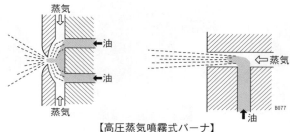

【高圧蒸気噴霧式バーナ】

3 低圧気流噴霧式油バーナ

◎低圧気流噴霧式油バーナは、4～10kPaの比較的低圧の**空気**を**霧化媒体**として使用し、燃料油を微粒化する。ターンダウン比は**広い**。

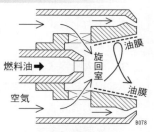

【低圧空気噴霧式バーナ】

◎霧化用の低圧空気は、バーナ先端で2つに分かれ、旋回室に向かう空気が燃料に旋回力を与える。ノズルから噴出した油は旋回室の壁面に沿って油膜を形成し、旋回室の先端から飛び出る。これに、分割した残りの空気流が当たり、油を微粒化する。

4 回転式バーナ

◎回転式バーナは、回転軸に取り付けられたカップの**内面**で**油膜**を形成し、**遠心力**により油を微粒化する。

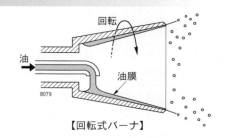

【回転式バーナ】

5 ガンタイプバーナ

◎ ガンタイプバーナは、ファンと圧力噴霧式バーナとを組み合わせたものである。燃焼量の調節範囲が狭いため、オンオフ動作によって自動制御を行っているものが多い。

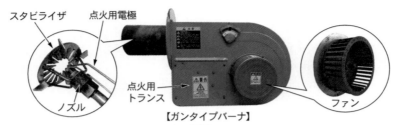

【ガンタイプバーナ】

スタビライザ　点火用電極　点火用トランス　ノズル　ファン

確認テスト

□ **1.** 圧力噴霧式バーナは、油に高圧力を加え、これをノズルチップから炉内に噴出させて微粒化するものである。

□ **2.** 圧力噴霧式バーナの噴射油量を調節する方法として、バーナの数の加減は適切である。

□ **3.** 圧力噴霧式バーナの噴射油量を調節する方法として、バーナのノズルチップの取り替えは適切である。

□ **4.** 圧力噴霧式バーナの噴射油量を調節する方法として、燃料油の加熱温度の加減は適切である。

□ **5.** 圧力噴霧式バーナの噴射油量を調節する方法として、プランジャ式圧力噴霧バーナの使用は適切である。

□ **6.** プランジャ式圧力噴霧バーナは、単純な圧力噴霧式バーナに比べ、ターンダウン比が狭い。

□ **7.** 戻り油式圧力噴霧バーナは、単純な圧力噴霧式バーナに比べ、バーナ負荷調整範囲が狭い。

□ **8.** 高圧蒸気噴霧式バーナは、比較的高圧の蒸気を霧化媒体として油を微粒化するもので、バーナ負荷調整範囲が広い。

□ **9.** 回転式バーナは、カップの内面で油膜を形成し、空気用ノズルからの空気を高速回転させ油を微粒化するものである。

□ **10.** ガンタイプバーナは、ファンと圧力噴霧式バーナを組み合わせたもので、燃焼量の調節範囲が狭い。

解答 1. ○ 2. ○ 3. ○ 4. × 5. ○ 6. × 7. × 8. ○ 9. × 10. ○

12 気体燃料の燃焼方式

◎気体燃料の燃焼方法は、ガスと空気の混合のさせ方で、**拡散燃焼方式**と**予混合燃焼方式**に分けられる。

1 拡散燃焼方式

◎拡散燃焼方式は、燃料ガスと燃焼用空気を**別々に**バーナから**燃焼室に供給し、拡散混合**させながら燃焼させるものである。バーナ内に可燃混合気を作らないため、**逆火の心配がない**。

［解説］逆火（ぎゃっか、さかび）…炎がバーナ側に逆流する現象をいう。

◎拡散燃焼方式は、空気の流速・旋回強さ、ガスの分散・噴射角度、保炎器の形状などで、火炎の形状（**広がりや長さ等**）、ガスと空気の混合速度を調節し、目的に合った**火炎を形成**することができる。

◎このため、ボイラー用ガスバーナは、**ほとんどが拡散燃焼方式を採用している。**

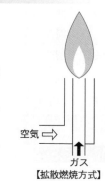

空気 ⇨

↑
ガス
【拡散燃焼方式】

2 予混合燃焼方式

◎予混合燃焼方式は、燃料ガスに空気を**あらかじめ混合**して燃焼させるもので、**気体燃料特有**の燃焼方式である。

◎予混合燃焼方式は、炎が短く**安定な火炎**を作りやすいものの、燃料量を絞ったときに、バーナ内に火炎が戻る**逆火 (フラッシュバック)** が起こる危険性がある。

◎このため、**大容量バーナには採用されにくい。**ただし、**ボイラー用パイロットバーナ**に採用されることがある。

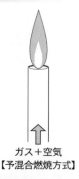

⇧
ガス＋空気
【予混合燃焼方式】

《各燃焼方式のまとめ》

1 拡散燃焼方式	2 予混合燃焼方式
・ガスと空気を別々にバーナから燃焼室に供給する。 ・逆火のおそれがない。 ・火炎の広がり、長さなどの調節が容易。 ・ほとんどのボイラー用ガスバーナが採用。	・ガスと空気をあらかじめ混合して燃焼させる。 ・気体燃料特有の燃焼方式である。 ・安定な火炎を作りやすい反面、逆火の危険性がある。 ・大容量バーナには利用されにくい。

第3章

燃料及び燃焼

□1. 拡散燃焼方式は、安定な火炎を作りやすいが、逆火の危険性が大きい。

□2. 拡散燃焼方式は、火炎の広がり、長さなどの火炎の調節が容易である。

□3. 拡散燃焼方式は、ほとんどのボイラー用ガスバーナに採用されている。

□4. 拡散燃焼方式ガスバーナは、空気の流速・旋回強さ、ガスの分散・噴射方法、保炎器の形状などにより、火炎の形状やガスと空気の混合速度を調節する。

□5. 予混合燃焼方式は、ボイラー用パイロットバーナに採用されることがある。

□6. 予混合燃焼方式は、気体燃料に特有な燃焼方式である。

□7. 予混合燃焼方式のガスバーナは、逆火の危険性が低いため、大容量のボイラーに用いられる。

解答 1. × 2. ○ 3. ○ 4. ○ 5. ○ 6. ○ 7. ×

第3章

燃料及び燃焼

13 気体燃料の燃焼の特徴　重要度 ★

◎気体燃料は、燃焼させる上で液体燃料のような微粒化、蒸発のプロセスが不要である。このため、気体燃料の燃焼は次のような特徴がある。

- 空気との混合状態を比較的自由に設定でき、火炎の広がり、長さなどの火炎の調節が容易である。
- 安定な燃焼が得られる。また、点火、消火が容易で自動化しやすい。
- 重油のような燃料の加熱や、霧化させる際の媒体（高圧空気や蒸気）が不要。
- ガス火炎は油火炎に比べて輝炎からの放射率が低いが、燃焼ガス中の水蒸気成分が多いので接触（対流）伝熱面部のガス高温部の不輝炎からの放射率は大きくなる。このため、ボイラーでは放射伝熱量は減るが、接触（対流）伝熱量が増える。

【火炎の比較】

[解説] 放射率…熱を運ぶ方法は、伝導、対流、放射の3種類がある。このうち放射は、電磁波によって熱を運ぶ。地球は、太陽から「放射」により熱を受けている。「放射率」は色による放射の強さを表すもので、一般に炭素量の多い火炎は明るく、放射率が高い。一方、水素量の多い火炎は青暗く、放射率が低い。

―――― 確認 テスト ――――

□1．気体燃料の燃焼の特徴として、燃焼させる上で、液体燃料のような微粒化や蒸発のプロセスが不要である。

□2．気体燃料の燃焼の特徴として、空気との混合状態を比較的自由に設定でき、火炎の広がり、長さなどの火炎の調節が容易である。

□3．気体燃料の燃焼の特徴として、安定な燃焼が得られ、点火、消火が容易で自動化しやすい。

□4．気体燃料の燃焼の特徴として、重油のような燃料加熱、霧化媒体の高圧空気又は蒸気が不要である。

□5．気体燃料の燃焼の特徴として、ガス火炎は、油火炎に比べて、火炉での放射伝熱量が多く、接触伝熱面での伝熱量が少ない。

解答　　1．○　2．○　3．○　4．○　5．×

14 ガスバーナ

◎ボイラー用ガスバーナは、**ほとんどが拡散燃焼方式**を採用している。また空気の流速・旋回強さ、ガスの分散・噴射方法、補炎器の形状などで、火炎の形状、ガスと空気の混合速度を調整して、目的に合った火炎を形成している。次の種類がある。

1 ガスバーナの種類

◎**センタータイプバーナ**は、最も単純な基本的バーナで、空気流の**中心にガスノズル**があり、先端からガスを**放射状に噴射**する。

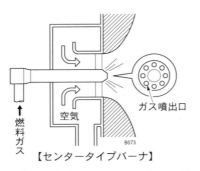

【センタータイプバーナ】

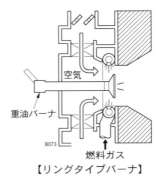

【リングタイプバーナ】

◎**リングタイプバーナ**は、リング状の管の内側に**多数**のガス噴射孔があり、空気流の外側からガスを**内側に向かって**噴射する。図は、中心に重油バーナを設けたものである。

◎**マルチスパッドバーナ**は、空気流中に**数本のガスノズル**をセットしたもので、ガスノズルを分割することで混合促進を図っている。図は、中心に重油バーナを設けたものである。

[用語] マルチ（multi-）…多くの〜、多数の〜。
　　　　スパッド（spud）…小さな管

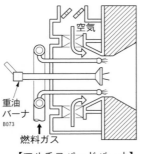

【マルチスパッドバーナ】

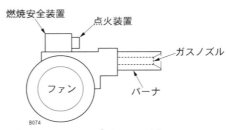

【ガンタイプガスバーナ】

◎**ガンタイプガスバーナ**は、バーナ、ファン、点火装置、火炎検出器を含めた**燃焼安全装置**、負荷制御装置などを**一体化**したもので、**中・小容量ボイラー**に用いられる。

156

□**1**. ボイラー用ガスバーナは、ほとんどが予混合燃焼方式を採用している。

□**2**. センタータイプガスバーナは、空気流の中心にガスノズルがあり、先端から
ガスを放射状に噴射する。

□**3**. リングタイプガスバーナは、リング状の管の内側に多数のガス噴射孔があり、
空気流の外側からガスを内側に向かって噴射する。

□**4**. マルチスパッドガスバーナは、リング状の管の内側に多数のガス噴射孔があ
り、空気流の外側からガスを内側に向かって噴射する。

□**5**. ガンタイプガスバーナは、バーナ、ファン、点火装置、燃焼安全装置、負荷
制御装置などを一体化したもので、中・小容量ボイラーに用いられる。

解答　　**1**. ×　**2**. ○　**3**. ○　**4**. ×　**5**. ○

第3章

燃料及び燃焼

15 固体燃料の燃焼方式

◎石炭の燃焼は**火格子燃焼**、**微粉炭バーナ燃焼**及び**流動層燃焼**がある。

1 火格子燃焼

◎**火格子燃焼**は、多数のすき間のある**火格子**と呼ばれる部品の上に、**固体燃料**をのせて燃焼させるものである。着火は**緩やか**で、燃焼速度は**遅い**。

◎燃料を火格子の上から供給するもの（上込め燃焼）は、下から灰層、火層、燃料層となっている。一次空気は火格子の下から送入し、二次空気は燃料層上の火炎中に送入される。

◎火格子の通風の調整はファンやダンパで行い、灰だめ戸でしてはならない。空気が過剰又は不足にならないよう、ダンパの開度は常に注意しなければならず、火格子下に灰や燃えがらをためると通風が阻害されるため、適宜除去する。

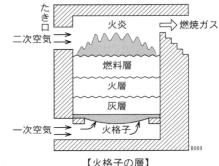

【火格子の層】

◎燃焼状態を判定するには排ガスの成分分析を行い、排ガス中の炭酸ガスの割合が多いほど、また酸素の割合が少ないほどよい。

◎成分分析の為の計測器がない場合には、炉内の煙の色と火炎の状態で判別を行う。淡い煙が出て、火炎が安定していれば燃焼状態は良好である。

2 流動層燃焼

◎**流動層燃焼**は、立て形の炉内に水平に設けられた多孔板（分散板ともいう）上に石炭などと固体粒子（砂、石灰石など）を供給し、加圧された空気を多孔板の下から上向きに吹き上げ、多孔板上の**粒子層**を**流動化**して燃焼させる方法である。

◎層内温度は、**石炭灰の溶融**を避けるため **700 ～ 900℃** に制御される。

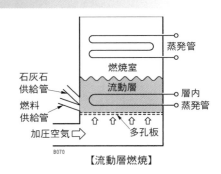

【流動層燃焼】

◎石炭とともに石灰石（CaCO₃）を送入すると、**硫黄酸化物**の排出を抑えることができるため、硫黄分の多い燃料の燃焼方法として利用されている。

【炉内脱硫の仕組み】

◎流動層燃焼は次の**特徴**がある。

- 石炭のほか、木くず、廃タイヤなどの**低質な燃料**でも使用できる。
- 層内に**石灰石**を送入することにより、**炉内脱硫**ができる。
- **低温燃焼**のため、**窒素酸化物（NOx）の発生が少ない**。
- 層内での**伝熱性能**が良いので、ボイラーの**伝熱面積が小さくて済む**。
- **微粉炭バーナ燃焼**に比べ、石炭粒径が大きく、**粉砕動力が軽減**される。

［解説］窒素酸化物…空気中の窒素 N₂ が高温にさらされ酸化されることによって生じる。このため、燃焼時の温度を下げることで、窒素酸化物の発生を抑えることができる。

3 微粉炭バーナ燃焼

◎石炭を微細な粒子に粉砕し、これを搬送を兼ねた一次空気とともにバーナ管内に送って、バーナから炉内に吹き込むことで浮遊状態のまま燃焼させる。着火は早く、燃焼速度も**速い**。

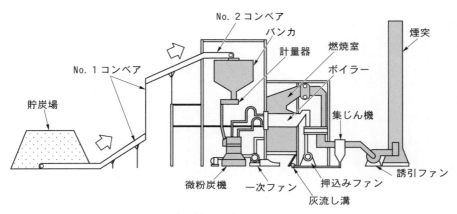

【微粉炭燃焼装置の例】

4 埋火

◎石炭だきボイラーを夜間休止するとき、火を埋めておくことで、次回の点火の手数を省き、蒸気発生時間を短縮することを**埋火**(まいか)という。埋火の方法が悪いと、埋めてあった石炭が燃えだし、ボイラーの圧力を上昇させることがあるので注意しなければならない。

― 確認テスト ―

□1. 低質な燃料でも使用できることは、石炭燃料の流動層燃焼方式の特徴である。

□2. 層内に石灰石を送入することにより、炉内脱硫ができることは、石炭燃料の流動層燃焼方式の特徴である。

□3. 低温燃焼のため、NOx の発生が多いことは、石炭燃料の流動層燃焼方式の特徴である。

□4. 層内での伝熱性能が良いので、ボイラーの伝熱面積を小さくできることは、石炭燃料の流動層燃焼方式の特徴である。

□5. 微粉炭バーナ燃焼方式に比べて石炭粒径が大きく、粉砕動力が軽減されることは、石炭燃料の流動層燃焼方式の特徴である。

□6. 石炭燃料の流動層燃焼方式では、層内温度が 1500℃前後である。

解答　1. ○　2. ○　3. ×　4. ○　5. ○　6. ×

16 大気汚染物質

◎ボイラーの燃焼により発生する大気汚染物質には、**硫黄酸化物**、**窒素酸化物**、**ばいじん**がある。

1 硫黄酸化物（SOx）

◎硫黄 S の酸化物を硫黄酸化物、又は SOx（ソックス）という。

◎ボイラーの煙突から排出される硫黄酸化物は、**二酸化硫黄（SO_2）**が主で、他に少量の**三酸化硫黄（SO_3）**がある。

◎SOx は人体への影響も大きく、**呼吸器系統の障害及び循環器**にも有害な物質であり、NOx とともに**酸性雨の原因**になる。

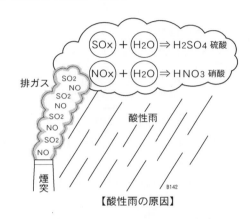

【酸性雨の原因】

2 窒素酸化物（NOx）

◎窒素 N_2 の酸化物を窒素酸化物又は NOx（ノックス）という。

◎一般に窒素化合物で大気汚染物質として重用視されるのは、**一酸化窒素（NO）**と**二酸化窒素（NO_2）**である。

◎燃焼により発生する NOx は、**大部分が NO** で、NO_2 は少量である。ただし、煙突から排出されて大気中に拡散する間に、酸化されて NO_2 になるものもある。

◎燃焼により生ずる NOx には、燃焼に使用された**空気中の窒素**が高温条件下で**酸素と反応して生成するサーマルNOx** と、**燃料中の窒素化合物**から酸化して生じる**フューエルNOx** の 2 種類がある。

[用語] サーマル（thermal）…熱の〜、温度の〜。thermo- は「熱」の意の連結形。
フューエル（fuel）…燃料。

第3章

燃料及び燃焼

161

3 ばいじん

◎燃料を燃焼させた際に発生する**固体微粒子**をばいじんといい、**すす**と**ダスト**がある。

◎**ダストは灰分が主体**である。**すす**は、燃料の**燃焼**により**分解**した炭素が**遊離炭素**として**残存**したものである。

◎ばいじんの人体への影響は、**呼吸器の障害**である。特に慢性気管支炎の発症率には重大な影響を与えている。

[用語] ダスト（dust）…ほこり、ちり。

確認テスト

□**1**. 排ガス中の SO_x は、大部分が SO_2 である。

□**2**. SO_x は、NO_x とともに酸性雨の原因になる。

□**3**. 排ガス中の NO_x は、大部分が NO である。

□**4**. 燃焼により発生する NO_x には、サーマル NO_x とフューエル NO_x がある。

□**5**. サーマル NO_x は、燃料中の窒素化合物から酸化によって生じる。

□**6**. フューエル NO_x は、燃焼に使用された空気中の窒素が酸素と反応して生じる。

□**7**. 燃料を燃焼させる際に発生する固体微粒子には、すすとダストがある。

□**8**. ダストは、燃料の燃焼により分解した炭素が遊離炭素として残存したものである。

□**9**. ばいじんの人体への影響は、呼吸器の障害である。

解答 **1**.○ **2**.○ **3**.○ **4**.○ **5**.× **6**.× **7**.○ **8**.× **9**.○

17 NOx の抑制

1 窒素酸化物の抑制措置

◎ボイラーの燃焼により発生する**窒素酸化物（NOx）**は、燃焼室の**温度が高く、酸素濃度が高く、高温の時間が長い**ほど、より多く発生する。

◎窒素酸化物の抑制措置をまとめると、次のとおりである。

・燃焼域での**酸素濃度を低くする**（窒素と酸素を反応しにくくする）。
・**燃焼温度を低くし**、特に**局所的高温域**が生じないようにする。
・高温燃焼域における燃焼ガスの**滞留時間を短く**する。
・**窒素化合物の少ない燃料**を使用する。
・**二段燃焼法**により燃焼させる。
・**濃淡燃焼**により燃焼させる。
・排ガスを**再循環**して、燃焼用空気に使用する。
・**排煙脱硝装置**を設置する。

◎**二段燃焼法**は、空気を二段階に分けて供給し、燃焼させる方法である。初めの燃焼で必要空気量の8～9割の空気を供給し、不完全燃焼させる。次いで、残りの空気を供給し、完全に燃焼させる。最高燃焼温度が下がり、NOxの発生量が減少する。

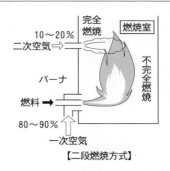

【二段燃焼方式】

◎**濃淡燃焼法**は、燃焼領域の一方を低空気比（燃料が濃い状態）で燃焼させ、他方を高空気比（燃料が薄い状態）で燃焼させる。ただし、全体としては適正な空気比となるようにする。NOxは、適切な空気比のもとで燃料が完全燃焼し、燃焼温度が高くなることで発生する。従って、適切な空気比より低い状態、又は高い状態にして燃焼させると、燃焼ガスの最高温度が低くなり、NOxの発生量が減少する。濃淡燃焼法は、この方法を利用している。

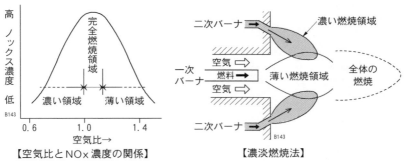

【空気比とNOx濃度の関係】　　【濃淡燃焼法】

第3章 燃料及び燃焼

◎排ガスを燃焼用空気に混ぜて供給すると、燃焼時の最高温度が低下し、NOxの発生量が減少する。この**排ガス再循環方法**は、NOxを減らす目的で自動車のエンジンにも使われている。排ガスは酸素濃度が低く、不活性なガスであるため、燃焼温度が低くなる。

―――――――――――――― 確認 テ ス ト ――――――――――――――

□**1**．燃焼域での酸素濃度を高くすることは、燃料の燃焼により発生するNOxの抑制措置として適切である。

□**2**．燃焼温度を低くし、特に局所的高温域が生じないようにすることは、燃料の燃焼により発生するNOxの抑制措置として適切である。

□**3**．高温燃焼域における燃焼ガスの滞留時間を長くすることは、燃料の燃焼により発生するNOxの抑制措置として適切である。

□**4**．二段燃焼法による燃焼は、燃料の燃焼により発生するNOxの抑制措置として適切である。

□**5**．排ガス再循環法による燃焼は、燃料の燃焼により発生するNOxの抑制措置として適切である。

□**6**．濃淡燃焼法による燃焼は、燃料の燃焼により発生するNOxの抑制措置として適切である。

□**7**．排煙脱硝装置を設置することは、燃料の燃焼により発生するNOxの抑制措置として適切である。

□**8**．硫黄分の少ない燃料を使用することは、燃料の燃焼により発生するNOxの抑制措置として適切である。

□**9**．空気予熱器を設けて燃焼温度を高くすることは、燃料の燃焼により発生するNOxの抑制措置として適切である。

解答　**1**．× **2**．○ **3**．× **4**．○ **5**．○ **6**．○ **7**．○ **8**．×
9．×

18 燃焼室

重要度 ★

1 燃焼室が具備すべき要件

◎燃焼室が具備すべき**一般的要件**は次のとおりである。

- 燃焼室の形状は、燃料や燃焼装置の種類、燃焼方法に適合するものであること。
- 燃焼室の大きさは、燃料、特に発生した可燃物の完全燃焼を完結させるのに必要なものであること。
- **着火**を容易にするための構造を有すること。必要に応じ、**バーナタイル**を設ける。バーナタイルの目的は燃焼ガスを導くための他、噴霧した油滴に放射熱を与え霧化を促進することにある。

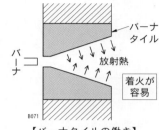

【バーナタイルの働き】

- 燃料と空気との**混合が有効**に、かつ、**急速**に行われるような構造であること。
- 燃焼室に使用する耐火材は、燃焼温度に耐え長期の使用においても**焼損**、スラグの**溶着**などの障害を起こさないものであること。
- **炉壁**は、**放射熱損失の少ない**構造のものであること。また、空気や燃焼ガスの**漏入**や**漏出**がないものでなければならない。

2 油・ガスだき燃焼室が具備すべき要件

◎**油・ガスだき燃焼室**は、更に次の要件を具備しなければならない。

- 使用バーナは、燃焼室の形状、大きさに適合したものであること。燃焼室に適合しないバーナは、火炎が**放射伝熱面**あるいは**炉壁を直射**し、これらを**焼損**したり不完全燃焼を起こしたりする。
- 燃焼室の大きさは、燃料が燃焼室内で燃焼を完結し得るものであること。すなわち、燃焼ガスの**炉内滞留時間**を燃焼完結時間より**長く**することが必要である。炉内滞留時間が短いと効率が低下する。

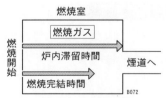

【燃焼ガスの2つの時間】

- 燃焼室温度を適当に保つ構造であること。燃焼室温度が低過ぎると不完全燃焼となり、また、高過ぎると放射伝熱面及び炉壁の熱負荷を高めこれらを焼損し、あるいは高温障害を起こす。

3 燃焼室熱負荷

◎燃焼室の燃焼性能を比べる場合、燃焼室熱負荷を利用する。

◎燃焼室熱負荷とは、単位時間における燃焼室の単位容積当たりの発生熱量をいう。

◎通常のボイラーで採用されている燃焼室熱負荷は、およそ次のとおりとなっている。

〔燃焼室熱負荷〕

ボイラーの種類	燃焼方式	燃焼室熱負荷（kW/m3）
炉筒煙管ボイラー	油・ガスバーナ	400 〜 1,200
水管ボイラー	微粉炭バーナ	150 〜 200
	油・ガスバーナ	200 〜 1,200

確認テスト

□1．油だきボイラーの燃焼室が具備すべき要件として、バーナの火炎が伝熱面や炉壁を直射しない構造でなければならない。

□2．油だきボイラーの燃焼室が具備すべき要件として、燃料と燃焼用空気との混合が有効に、かつ、急速に行われる構造でなければならない。

□3．油だきボイラーの燃焼室が具備すべき要件として、炉壁は、空気や燃焼ガスの漏入・漏出がなく、放射熱損失の少ない構造でなければならない。

□4．油だきボイラーの燃焼室が具備すべき要件として、燃焼室は、燃焼ガスの炉内滞留時間が燃焼完結時間より短くなる大きさでなければならない。

□5．油だきボイラーの燃焼室が具備すべき要件として、バーナタイルを設けるなど、着火を容易にする構造でなければならない。

解答　　**1．**○　**2．**○　**3．**○　**4．**×　**5．**○

第3章　燃料及び燃焼

166

19 一次空気と二次空気

重要度 ★★

1 一次空気と二次空気の役割

◎一次空気は燃焼装置にて燃料の周辺に供給され、初期燃焼を安定させる。残りの空気は二次空気として燃焼室内へ供給され、燃料と空気の混合を良好にして、燃焼の完結を図る。

◎油・ガスだき燃焼における一次空気は、噴射された燃料の周辺に供給され、初期燃焼を安定させる。また二次空気は、旋回又は交差流によって燃料と空気の混合を良好にして、燃焼を完結させる。

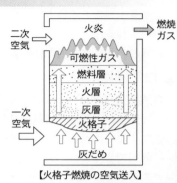

【火格子燃焼の空気送入】

◎火格子燃焼における一次空気は、一般の上向き通風では火格子から燃料層を通して送入される。また、二次空気は、燃料層上の可燃ガスの火炎中に送入される。

◎火格子燃焼における一次空気と二次空気の割合は、一次空気が大部分を占める。

◎微粉炭バーナ燃焼における一次空気は、微粉炭と予混合してバーナに供給される。また、二次空気はバーナの周囲から噴出するように供給する。

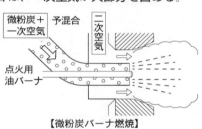

【微粉炭バーナ燃焼】

確認 テスト

☐ 1. 油・ガスだき燃焼における一次空気は、噴射された燃料の周辺に供給され、初期燃焼を安定させる。

☐ 2. 油・ガスだき燃焼における二次空気は、旋回又は交差流によって燃料と空気の混合を良好にして、燃焼を完結させる。

☐ 3. 微粉炭バーナ燃焼では、一般に、一次空気と微粉炭は予混合されてバーナに供給され、二次空気はバーナの周囲から噴出される。

☐ 4. 火格子燃焼における一次空気は、一般の上向き通風では火格子から燃料層を通して送入される。

☐ 5. 火格子燃焼における一次空気と二次空気の割合は、二次空気が大部分を占める。

解答　1. ○　2. ○　3. ○　4. ○　5. ×

20 通風　重要度 ★★★

◎炉及び煙道を通して起こる空気及び燃焼ガスの流れを**通風**といい、この通風を起こさせる圧力差を**通風力**という。通風力の単位には一般に Pa 又は 1000 倍の kPa が用いられる。

◎通風の方式は、煙突だけによる**自然通風**と、機械的方法による**人工通風**がある。

🔥 自然通風

◎**自然通風方式**は、煙突の吸引力だけによって通風を行うため、通風力が弱い。

◎煙突によって通風が生じるのは、次のように説明できる。煙突の内部に充満しているガスは、その温度が高いため空気より密度が低い。密度の低いガスは浮力で上昇し、一方で燃焼室に大気圧の空気が侵入し、燃焼室内のガスを煙突へ追いやる。

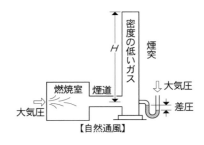

【自然通風】

◎煙突によって生じる通風力は、煙突内ガスの密度と外気の密度との差に、煙突の高さを乗じたものである。次の式で表される。

$$h = (\rho_a - \rho_g) g H$$ B065

h：煙突の通風力（Pa）　　　　g：重力加速度（9.8 m/s²）
ρ_a：外気の密度（kg/m³）　　　H：煙突の高さ（m）
ρ_g：煙突内ガスの密度（kg/m³）

【煙突の通風力】

◎従って、**煙突内のガスの温度が高いほど、煙突の高さが高いほど、通風力は大きく**なる。煙突が高いほど、内部の高温ガス量も多くなり、大気との差圧が大きくなる。

🔥 人工通風

◎人工通風はファンを使用するもので、次の 3 種類がある。

1 押込通風

◎**押込通風**は、燃焼用空気をファンを用いて大気圧より**高い圧力**の炉内（燃焼室）に押し込むものである。

◎押込ファンによる**加圧燃焼**は、一般に常温の空気を取り扱い、**所要動力が小さいため広く用いられている。**

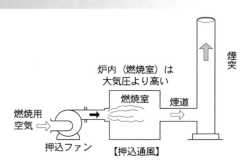

炉内（燃焼室）は
大気圧より高い

【押込通風】

◎押込通風方式の特徴は次のとおりである。

- 炉内に**漏れ込む空気**がなく、ボイラー効率が**向上**する。
- 空気流と**燃料噴霧流**が有効に**混合**するため、**燃焼効率**が**高まる**。
- **気密が不十分**であると、**燃焼ガス、ばいえん**などが外部に漏れ、ボイラー効率が**低下**する。

2 誘引通風

◎誘引通風は、燃焼ガスを煙道又は煙突入口に設けたファンによって**吸い出し**、煙突に**放出**するものである。

◎誘引通風方式の特徴は次のとおり。

- 燃焼ガスの外部への**漏れがない**。
- 誘引ファンは、比較的**高温**で**体積の大きな**ガスを取り扱うため、**大型のファン**を要し、**所要動力が大きい**。
- すす、ダスト及び腐食性物質を含む高温の**燃焼ガス**により、ファンの**腐食、摩耗**が起こりやすい。

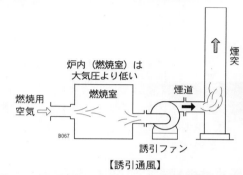

炉内（燃焼室）は大気圧より低い

燃焼用空気 ⇒ 燃焼室 煙道 煙突

B067 誘引ファン

【誘引通風】

3 平衡通風

◎平衡通風は、**押込ファン**と**誘引ファン**を**併用**したもので、炉内圧を大気圧より**わずかに低く**調節するのが普通である。

◎平衡通風方式の特徴は次のとおりである。

- 燃焼調節が容易で、**通風抵抗の大きな**ボイラーでも、**強い通風力**が得られる。
- **燃焼調節**が容易である。
- 燃焼ガスの外部への**漏れがない**。
- 押込通風より**大きな動力**を必要とするが、誘引通風より**動力は小さい**。

炉内（燃焼室）は大気圧よりやや低い

燃焼用空気 ⇒ 燃焼室 煙道 煙突

押込ファン 誘引ファン B067

【平衡通風】

［用語］平衡…いくつかの力が同時に作用して、力がつり合っていること。

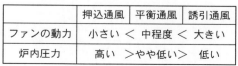
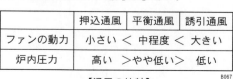

	押込通風	平衡通風	誘引通風
ファンの動力	小さい ＜ 中程度 ＜ 大きい		
炉内圧力	高い ＞やや低い＞ 低い		

【通風の比較】

B067

ファン

◎ファンは、通風方式に応じ適切な風圧、風量のものを選定しなければならない。次の種類のものがある。

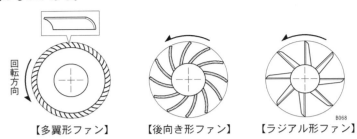

【多翼形ファン】　　【後向き形ファン】　　【ラジアル形ファン】

1　多翼形ファン

◎多翼形ファンは、羽根車の外周近くに、浅く幅長で前向きの羽根を多数設けたもので、風圧は比較的低く、0.15〜2kPaである。

◎多翼形ファンは小型で軽量であるが、効率が低いため、大きな動力を要する。

2　後向き形ファン

◎後向き形ファンは、羽根車の主板及び側板の間に8〜24枚の後向きの羽根を設けたもので、風圧は比較的高く2〜8kPaである。

◎後向き形ファンは効率が良く、高温、高圧、大容量のものに適する。

3　ラジアル形ファン

◎ラジアル形ファンは、中央の回転軸から放射状に6〜12枚のプレートを取り付けたもので、風圧は0.5〜5kPaである。

◎ラジアル形ファンは、強度が高く、摩耗、腐食に強い。

◎ラジアル形ファンは、形状が簡単で、羽の取り替えが容易である。

［用語］ラジアル（radial）…放射状の〜（構造）。半径の〜。

ダンパ

◎ダンパは、通風力を調節したり、ガスの流れを遮断したりするための装置であり、煙道、煙突および空気送入口に設けられた板状のふたのことで、回転式ダンパと昇降式ダンパがあり、一般的には回転式が広く用いられている。

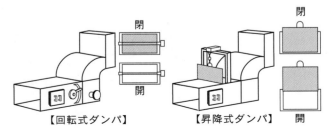

【回転式ダンパ】　　【昇降式ダンパ】

☐**1.** 炉及び煙道を通して起こる空気及び燃焼ガスの流れを、通風という。

☐**2.** 煙突によって生じる自然通風力は、煙突内のガスの密度と外気の密度との差に煙突高さを乗じることにより求められる。

☐**3.** 煙突によって生じる自然通風力は、煙突の高さが高いほど大きくなる。

☐**4.** 押込通風は、炉内が大気圧以上の圧力となるので、気密が不十分であっても、燃焼ガスが外部へ漏れ出すことはない。

☐**5.** 押込通風は、平衡通風より大きな動力を要し、気密が不十分であると、燃焼ガスが外部へ漏れ、ボイラー効率が低下する。

☐**6.** 押込通風は、空気流と燃料噴霧流が有効に混合するため、燃焼効率が高まる。

☐**7.** 押込通風は、燃焼用空気をファンを用いて大気圧より高い圧力の炉内に押し込むものである。

☐**8.** 押込通風は、一般に常温の空気を取り扱い、所要動力が小さいので広く用いられている。

☐**9.** 誘引通風は、比較的高温で体積の大きな燃焼ガスを取り扱うので、大型のファンを必要とする。

☐**10.** 誘引通風は、燃焼ガスを煙道又は煙突入口に設けたファンによって吸い出すもので、燃焼ガスの外部への漏れ出しがほとんどない。

☐**11.** 誘引通風は、比較的高温で体積の大きな燃焼ガスを取り扱うので、炉内の気密が不十分であると燃焼ガスが外部へ漏れる。

☐**12.** 誘引通風は、燃焼ガス中に、すす、ダスト及び腐食性物質を含むことが多く、ファンの腐食や摩耗が起こりやすい。

☐**13.** 平衡通風は、通風抵抗の大きなボイラーでも強い通風力が得られ、必要な動力は押込通風より大きく、誘引通風より小さい。

☐**14.** 平衡通風は、燃焼ガスの外部への漏れ出しがほとんどないが、誘引通風より大きな動力を必要とする。

☐**15.** 平衡通風は、押込ファンと誘引ファンを併用したもので、炉内圧を大気圧よりわずかに低く調節する。

☐**16.** 平衡通風は、燃焼調節が容易であり、要する動力が押込通風より小さい。

☐**17.** ボイラーの人工通風に用いられる多翼形ファンは、羽根車の外周近くに、浅く幅長で前向きの羽根を多数設けたものである。

第3章 燃料及び燃焼

□ **18.** ボイラーの人工通風に用いられる多翼形ファンは、小形で軽量であるが効率が低いため、大きな動力を必要とする。

□ **19.** ボイラーの人工通風に用いられる後向き形ファンは、羽根車の主板及び側板の間に8〜24枚の後向きの羽根を設けたものである。

□ **20.** ボイラーの人工通風に用いられる後向き形ファンは、形状は大きいが効率が低いため、高温・高圧のものに用いられるが、大容量のものには用いられない。

□ **21.** ボイラーの人工通風に用いられるラジアル形ファンは、強度が強く、摩耗や腐食にも強い。

□ **22.** ボイラーの人工通風に用いられるラジアル形ファンは、中央の回転軸から放射状に6〜12枚の羽根を設けたものである。

□ **23.** ボイラーの人工通風に用いられるラジアル形ファンは、形状が簡単で羽根の取替えが容易である。

解答 **1.** ○ **2.** ○ **3.** ○ **4.** × **5.** × **6.** ○ **7.** ○ **8.** ○
9. ○ **10.** ○ **11.** × **12.** ○ **13.** ○ **14.** × **15.** ○ **16.** ×
17. ○ **18.** ○ **19.** ○ **20.** × **21.** ○ **22.** ○ **23.** ○

第4章　関係する法令

1 ボイラーの伝熱面積

重要度 ★★★

1 伝熱面積【ボイラー則第2条】

◎伝熱面積の算定方法は、次に掲げるボイラーについて、それぞれに定める面積をもって算定するものとする。

◎丸ボイラー及び鋳鉄製ボイラー

火気、燃焼ガスその他の高温ガス（以下、**燃焼ガス等**という）に触れる本体の**面**で、その裏面が水又は熱媒に触れるものの面積。

※燃焼ガスに触れる面で、かつ、裏側が水に触れているものが伝熱面積に算定される。すなわち、この2つの基準を満たしている部分が伝熱面積となる。具体的には、**炉筒煙管ボイラーの煙管及び炉筒**は、燃焼ガスの**内径側**で面積を算出する。また、**立てボイラー（横管式）の水管（横管）**は、燃焼ガスの**外径側**で面積を算出する。

【炉筒煙管ボイラーの煙管及び炉筒の伝熱面積】

【立てボイラー（横管式）の伝熱面積】

◎水管ボイラー（貫流ボイラーを除く。）

水管及び管寄せの次の面積を合計した面積。

［解説］管寄せ…水管などを分配又は集合するための管をいう。

- 水管又は管寄せで、その全部又は一部が燃焼ガス等に触れるものにあっては、燃焼ガス等に触れる面の面積。
- **耐火れんが**によって覆われた水管にあっては、管の外側の壁面に対する**投影面積**。

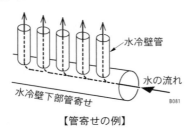

【管寄せの例】

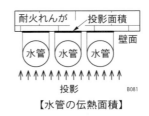

【水管の伝熱面積】

第4章 関係する法令

174

◎貫流ボイラー

燃焼室入口から過熱器入口までの**水管**の**燃焼ガス等**に触れる面の面積。

◎なお、**ドラム**（蒸気ドラム・水ドラム）、**エコノマイザ**、**過熱器**、**空気予熱器**、**気水分離器**は伝熱面積には算入しない。

◎主に伝熱面積に算入する部分は、**炉筒、煙管、水管、管寄せ**である。

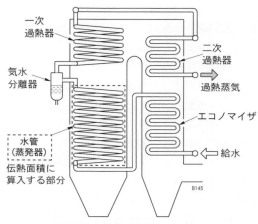

一次過熱器
二次過熱器
気水分離器
過熱蒸気
エコノマイザ
給水
水管（蒸発器）伝熱面積に算入する部分
B145

【高圧大容量貫流式ボイラーの例】

◎電気ボイラー

電力設備容量20kWを1m²とみなして、その最大電力設備容量を換算した面積。

確認テスト

☐ **1.** 炉筒煙管ボイラーの煙管の伝熱面積は、煙管の内径側で算定する。

☐ **2.** 煙管は、ボイラーの伝熱面積に算入しない。

☐ **3.** 煙管ボイラーの煙管の伝熱面積は、煙管の内径側で算定する。

☐ **4.** 立てボイラー（横管式）の横管の伝熱面積は、横管の外径側で算定する。

☐ **5.** 貫流ボイラーの過熱管の面積は、伝熱面積に算入しない。

☐ **6.** 水管ボイラーで耐火れんがに覆われた水管の面積は、伝熱面積に算入しない。

☐ **7.** 水管ボイラーのドラムの面積は、伝熱面積に算入しない。

☐ **8.** 水管は、ボイラーの伝熱面積に算入しない。

☐ **9.** 管寄せは、ボイラーの伝熱面積に算入しない。

☐ **10.** 蒸気ドラムは、ボイラーの伝熱面積に算入しない。

☐ **11.** 炉筒は、ボイラーの伝熱面積に算入しない。

☐ **12.** 電気ボイラーの伝熱面積は、電力設備容量10kWを1m²とみなして、その最大電力設備容量を換算した面積で算定する。

解答　**1.** ○　**2.** ×　**3.** ○　**4.** ○　**5.** ○　**6.** ×　**7.** ○　**8.** ×　**9.** ×　**10.** ○　**11.** ×　**12.** ×

2 各種検査

重要度 ★★★

1 製造に係る検査

◎ボイラーの安全を確保するため、ボイラーの製造から設置、使用、廃止にいたるまで、各段階で検査等の規制が行われている。

◎**製造許可**［ボイラー則第3条］

ボイラーを製造しようとする者は、ボイラーを製造する前にあらかじめ、所轄都道府県労働局長にボイラー製造の許可を受けなければならない。

◎**溶接検査**［ボイラー則第7条］

ボイラーの溶接をしようとする者は、溶接作業に着手する前に、登録製造時等検査機関の溶接検査を受けなければならない。**溶接によるボイラー**は、この**溶接検査**に**合格した後**でなければ**構造検査**を受けることができない。

◎**構造検査**［ボイラー則第5条］

ボイラーを製造した者は、登録製造時等検査機関に製造したボイラーの構造検査を申請し、検査に合格しなくてはならない。

［解説］登録製造時等検査機関及び登録性能検査機関…ボイラーの各種検査を行うことについて、厚生労働大臣の登録を受けた者で、（社）日本ボイラー協会や（社）ボイラ・クレーン安全協会などが登録を受けている。

2 設置届［ボイラー則第10条］

◎ボイラーを設置、または移設しようとする事業者は、設置工事開始日の30日前までに、所轄労働基準監督署長にボイラー**設置届**を提出しなければならない。

3 落成検査［ボイラー則第14条］

◎ボイラーを設置した者は、**当該ボイラー及び当該ボイラーに係る**次の事項について、所轄労働基準監督署長の**落成検査**を受けなければならない。ただし、所轄労働基準監督署長が当該検査の**必要がない**と認めたボイラーについては、この限りでない。

▪ ボイラー室	▪ ボイラー及びその**配管**の配置状況
▪ ボイラーの据付基礎並びに燃焼室及び煙道の構造	

4 ボイラー検査証［ボイラー則第15条］

◎所轄労働基準監督署長は、**落成検査に合格した**ボイラー又は落成検査の必要がないと認めたボイラーについて、**ボイラー検査証**を交付する。

［解説］**ボイラー検査証**には、有効期間が記入される。

◎ボイラーを設置している者は、**ボイラー検査証を滅失**し、又は**損傷**したときは、ボイラー検査証再交付申請書を所轄労働基準監督署長に提出し、その**再交付**を受けなければならない。

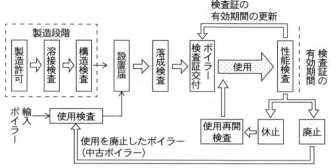

【検査・届出・報告の流れ】

5 ボイラー検査証の有効期間 [ボイラー則第37条]

◎ボイラー検査証の有効期間は、1年とする。

6 性能検査 [ボイラー則第38・40条]

◎ボイラー検査証の有効期間の更新を受けようとする者は、当該検査証に係るボイラー及び次の各号に掲げる事項について、登録性能検査機関による**性能検査**を受けなければならない。

▪ ボイラー室	▪ ボイラー及びその**配管の配置状況**
▪ ボイラーの**据付基礎並びに燃焼室及び煙道の構造**	

◎登録性能検査機関は、性能検査に合格したボイラーについて、そのボイラー検査証の**有効期間を更新**するものとする。この場合において、性能検査の結果により1年未満又は1年を超え2年以内の期間を定めて有効期間を更新することができる。

◎検査証の有効期間が切れたボイラーを使用することはできない。有効期間満了日を過ぎていると、性能検査は受けられなくなる。

◎ボイラーに係る性能検査を受ける者は、ボイラー（燃焼室を含む。）及び煙道を冷却し、掃除し、その他性能検査に**必要な準備**をしなければならない。

7 使用検査 [ボイラー則第12条]

◎次に掲げる者は、登録製造時等検査機関による**使用検査**を受けなければならない。

▪ ボイラーを輸入した者
▪ 構造検査又は使用検査を受けた後、1年以上設置されなかったボイラーを設置しようとする者
▪ **使用を廃止したボイラー（中古ボイラー）を再び設置・使用しようとする者**

[解説] 使用検査は、主に輸入ボイラー及び中古ボイラーを対象に、新品の製造段階における「製造許可」「溶接検査」「構造検査」に相当するものである。

8 使用再開検査［ボイラー則第 46 条］

◎ボイラーを設置している者がボイラーの使用を**休止**しようとする場合において、休止期間がボイラー検査証の有効期間を経過した後にわたるときは、ボイラー検査証の有効期間中に、その旨を所轄労働基準監督署長に**報告**しなければならない。

◎使用を**休止**したボイラーを再び使用しようとする者は、当該ボイラーについて所轄労働基準監督署長の**使用再開検査**を受けなければならない。

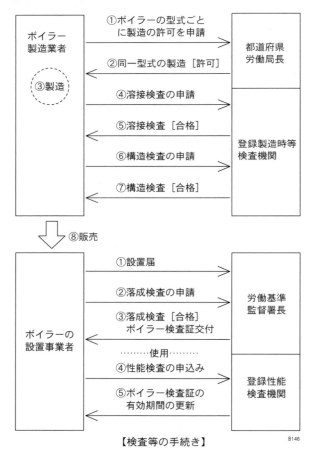

【検査等の手続き】

B146

確 認 テ ス ト

□**1.** 溶接によるボイラー（小型ボイラーを除く。）については、（　）検査に合格した後でなければ、（　）検査を受けることができない。

□2. ボイラーを移設して設置場所を変更したときは、ボイラー（移動式ボイラー及び小型ボイラーを除く。）を設置している者が、ボイラー検査証の再交付を所轄労働基準監督署長から受けなければならない。

□3. ボイラーを設置した者は、所轄労働基準監督署長が検査の必要がないと認めたものを除き、①ボイラー、②ボイラー室、③ボイラー及びその（　）の配置状況、④ボイラーの据付基礎並びに燃焼室及び（　）の構造について、（　）検査を受けなければならない。

□4. 所轄労働基準監督署長は、（　）に合格したボイラー又は当該検査の必要がないと認めたボイラーについて、ボイラー検査証を交付する。ボイラー検査証の有効期間は、（　）に合格したボイラーについて更新される。

□5. ボイラー検査証を損傷したときは、ボイラー（移動式ボイラー及び小型ボイラーを除く。）を設置している者が、ボイラー検査証の再交付を所轄労働基準監督署長から受けなければならない。

□6. ボイラー検査証の有効期間の更新を受けようとする者は、当該検査証に係るボイラー並びにボイラー室、ボイラー及びその（　）の配置状況、ボイラーの（　）並びに燃焼室及び煙道の構造について（　）検査を受けなければならない。

□7. ボイラー検査証の有効期間を更新しようとするときは、使用再開検査を受けなければならない。

□8. ボイラーを輸入したときは、使用再開検査を受けなければならない。

□9. 構造検査を受けた後、1年以上設置されなかったボイラーを設置しようとするときは、使用再開検査を受けなければならない。

□10. ボイラー検査証の有効期間を超えて使用を休止したボイラーを再び使用しようとするときは、使用再開検査を受けなければならない。

□11. 使用を廃止したボイラー（移動式ボイラー及び小型ボイラーを除く。）を再び設置する場合の手続きの順序として、法令上、正しいものは次のうちどれか。
　　　ただし、計画届の免除認定を受けていない場合とする。
　▱　1. 使用検査　→　構造検査　→　設置届
　　　2. 使用検査　→　設置届　→　落成検査
　　　3. 設置届　→　落成検査　→　使用検査
　　　4. 溶接検査　→　使用検査　→　落成検査
　　　5. 溶接検査　→　落成検査　→　設置届

解答　　1. 溶接／構造　2. ×　3. 配管／煙道／落成
4. 落成検査／性能検査　5. ○　6. 配管／据付基礎／性能　7. ×　8. ×
9. ×　10. ○　11. 2

3 変更の手続き

重要度 ★★★

1 変更届［ボイラー則第41条］

◎ボイラーについて、次のいずれかに掲げる部分又は設備を変更しようとする事業者は、所轄労働基準監督署長に**ボイラー変更届**を提出しなければならない。

・胴、ドーム、炉筒、火室、鏡板、天井板、管板、管寄せ又はステー	
・附属設備（節炭器（エコノマイザ）、過熱器）	
・燃焼装置	・据付基礎

［解説］管板は、第1章 ⑦ ボイラー各部の構造と強さ、
　　　　管寄せは、第4章 ① 1. 伝熱面積 参照。

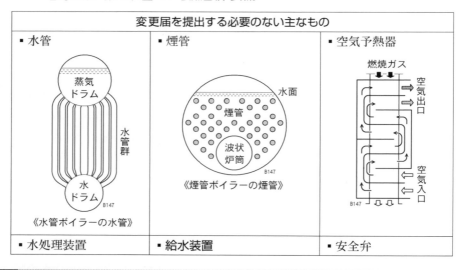

変更届を提出する必要のない主なもの		
・水管	・煙管	・空気予熱器
《水管ボイラーの水管》	《煙管ボイラーの煙管》	
・水処理装置	・給水装置	・安全弁

2 変更検査［ボイラー則第42条］

◎ボイラーについて第41条のいずれかに掲げる部分又は設備に変更を加えた者は、当該ボイラーについて所轄労働基準監督署長の検査を受けなければならない。

3 事業者等の変更［ボイラー則第44条］

◎設置されたボイラーに関し、事業者に変更があったときは、変更後の事業者は、その変更後**10日以内**に、ボイラー検査証書替申請書に**ボイラー検査証**を添えて、所轄労働基準監督署長に提出し、その**書替え**を受けなければならない。

□**1.** ボイラーの空気予熱器に変更を加えたときは、変更検査を受けなくてよい。

□**2.** ボイラーの給水装置に変更を加えたときは、変更検査を受けなければならない。

□**3.** ボイラーの過熱器に変更を加えたときは、変更検査を受けなければならない。

□**4.** ボイラーの安全弁に変更を加えたときは、変更検査を受けなければならない。

□**5.** 使用を廃止したボイラーを再び設置しようとするときは、変更検査を受けなければならない。

□**6.** 構造検査を受けた後、1年以上設置されなかったボイラーを設置しようとするときは、変更検査を受けなければならない。

□**7.** ボイラーの据付基礎に変更を加えたときは、変更検査を受けなければならない。

□**8.** ボイラーの水処理装置を変更しようとするとき、法令上、ボイラー変更届を所轄労働基準監督署長に提出する必要はない。

□**9.** ボイラーの燃焼装置を変更しようとするとき、法令上、ボイラー変更届を所轄労働基準監督署長に提出する必要はない。

□**10.** ボイラーの管ステーを変更しようとするとき、法令上、ボイラー変更届を所轄労働基準監督署長に提出する必要はない。

□**11.** ボイラーの煙管を変更しようとするとき、法令上、ボイラー変更届を所轄労働基準監督署長に提出する必要はない。

□**12.** ボイラーの炉筒を変更しようとするとき、法令上、ボイラー変更届を所轄労働基準監督署長に提出する必要はない。

□**13.** ボイラーの鏡板を変更しようとするとき、法令上、ボイラー変更届を所轄労働基準監督署長に提出しなければならない。

□**14.** ボイラーの管板を変更しようとするとき、法令上、ボイラー変更届を所轄労働基準監督署長に提出する必要はない。

□**15.** ボイラー(小型ボイラーを除く。)の管寄せを変更しようとするとき、法令上、ボイラー変更届を所轄労働基準監督署長に提出する必要はない。

□**16.** 設置されたボイラーに関し、事業者に変更があったときは、変更後の事業者は、その変更後 ( ) 日以内に、ボイラー検査証書替申請書に ( ) を添えて、所轄労働基準監督署長に提出し、その書替えを受けなければならない。

解答　　**1.** ○ **2.** × **3.** ○ **4.** × **5.** × **6.** × **7.** ○ **8.** ○
9. × **10.** × **11.** ○ **12.** × **13.** ○ **14.** × **15.** ×
16. 10/ ボイラー検査証

4 ボイラー室の基準

1 設置場所［ボイラー則第18条］

◎事業者は、ボイラーについては、**ボイラー室**（専用の建物又は建物の中の障壁で区画された場所）に**設置しなければならない**。ただし、以下のボイラーについては、この限りでない。

• 伝熱面積が3m² 以下のボイラー	• 移動式ボイラー	• 屋外式ボイラー

［解説］ 3m²以下は3m²を含む。3m²未満は3m²を含まない。従って、ボイラー室に設置しなければならないのは、伝熱面積が3m²超のボイラーとなる。

2 ボイラー室の出入口［ボイラー則第19条］

◎事業者は、ボイラー室には、**2以上の出入口を設けなければならない**。ただし、ボイラーを取り扱う労働者が緊急の場合に避難するのに支障がないボイラー室では、出入口は1でよい。

3 ボイラーの据付位置［ボイラー則第20条］

◎事業者は、ボイラーの最上部から天井、配管その他のボイラーの上部にある構造物までの距離を、**1.2m以上**としなければならない。ただし、安全弁その他の附属品の検査及び取扱いに支障がないときは、この限りでない。
［解説］ボイラーの最上部とは、一般にボイラーの主蒸気弁が該当する。

◎事業者は、本体を被覆していないボイラー又は**立てボイラー**については、前項の規定によるほか、ボイラーの外壁から壁、配管その他のボイラーの側部にある構造物（検査及び掃除に支障のない物を除く。）までの距離を **0.45m以上**としなければならない。ただし、胴の内径が500mm以下で、かつ、その長さが1000mm以下のボイラーについては、この距離は、0.3m以上とする。

4 ボイラーと可燃物との距離［ボイラー則第21条］

◎事業者は、ボイラー、ボイラーに附設された金属製の煙突又は煙道の外側から **0.15m以内**にある可燃性の物については、厚さ **100mm以上**の金属以外の不燃性の材料で被覆しなければならない。

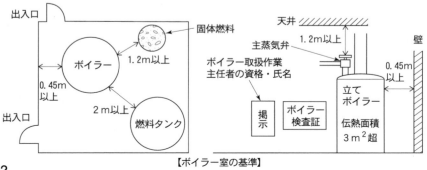

【ボイラー室の基準】

◎事業者は、ボイラー室その他のボイラー設置場所に**燃料を貯蔵**するときは、これをボイラーの外側から**2m以上**（固体燃料にあっては、1.2m以上）離しておかなければならない。ただし、ボイラーと燃料又は燃料タンクとの間に適当な障壁を設ける等、防火のための措置を講じたときは、この限りでない。

5 ボイラー室の管理等［ボイラー則第29条］

事業者は、ボイラー室の管理等について、次の事項を行わなければならない。

> ・ボイラー室には、必要がある場合のほか、**引火しやすい物を持ち込ませないこと。**
>
> ・**ボイラー検査証**並びに**ボイラー取扱作業主任者の資格及び氏名**を、ボイラー室その他のボイラー設置場所の見やすい箇所に**掲示**すること。

―――――― 確認テスト ――――――

□1．移動式ボイラー、屋外式ボイラー及び小型ボイラーを除き、伝熱面積が（　）m²を超えるボイラーについては、（　）又は建物の中の障壁で区画された場所に設置しなければならない。

□2．ボイラーを取り扱う労働者が緊急の場合に避難するために支障がないボイラー室を除き、ボイラー室には、2以上の出入口を設けなければならない。

□3．ボイラーの最上部から天井、配管その他のボイラーの上部にある構造物までの距離は、原則として1m以上としなければならない。

□4．立てボイラーは、ボイラーの外壁から壁、配管その他のボイラーの側部にある構造物（検査及び掃除に支障のない物を除く。）までの距離を原則として0.45m以上としなければならない。

□5．ボイラー、これに附設された金属製の煙突又は煙道が、厚さ100mm以上の金属以外の不燃性の材料で被覆されている場合を除き、これらの外側から0.15m以内にある可燃性の物は、金属以外の不燃性の材料で被覆しなければならない。

□6．ボイラー室に燃料の重油を貯蔵するときは、原則として、これをボイラーの外側から1.2m以上離しておかなければならない。

□7．ボイラー室には、必要がある場合のほか、引火しやすい物を持ち込ませてはならない。

□8．（　）並びにボイラー取扱作業主任者の（　）及び氏名をボイラー室その他のボイラー設置場所の見やすい箇所に掲示しなければならない。

解答 1．3／専用の建物 2．○ 3．× 4．○ 5．○ 6．×
7．○ 8．ボイラー検査証／資格

5 取扱作業主任者の選任 　重要度 ★★

1 ボイラー取扱の就業制限［ボイラー則第23条］

◎事業者は、ボイラーの取扱いの業務については、ボイラー技士（特級・一級・二級）でなければ、当該業務に就かせてはならない。

◎ただし、事業者は小規模ボイラーの取扱いの業務については、ボイラー取扱技能講習を修了した者を当該業務に就かせることができる。

［解説］小規模ボイラーの範囲については、次項「取扱作業主任者の資格」の表を参照。

2 選任できるボイラーの区分［ボイラー則第24条］

◎事業者は、ボイラー（小型ボイラーを除く。）の取扱いの作業については、次に掲げるボイラーにおける作業の区分に応じ、それぞれに掲げる者のうちから、**ボイラー取扱作業主任者**を選任しなければならない。

◎伝熱面積の合計は、次に定めるところにより算定するものとする。

取扱作業主任者の資格	伝熱面積	
	貫流ボイラー以外	貫流ボイラーのみ
	炉筒煙管ボイラー、煙管ボイラー、鋳鉄製ボイラー、水管ボイラー、電気ボイラー、廃熱ボイラー等	
［特級ボイラー技士］	合計500m² 以上	－
［特級ボイラー技士］ ［一級ボイラー技士］	合計が25m² 以上 500m² 未満	合計250m² 以上
［特級ボイラー技士］ ［一級ボイラー技士］ ［二級ボイラー技士］	合計が25m² 未満	合計250m² 未満
［特級ボイラー技士］ ［一級ボイラー技士］ ［二級ボイラー技士］ ［ボイラー取扱技能講習の修了者］	小規模ボイラーのみを取り扱う場合	
	◇伝熱面積が3m² 以下の蒸気ボイラー ◇伝熱面積が14m² 以下の温水ボイラー ◇胴の内径が750mm 以下で、かつ、その長さが1300mm 以下の蒸気ボイラー	◇伝熱面積が30m² 以下（気水分離器を有するものにあっては、当該気水分離器の内径が400mm 以下で、かつ、その内容積が0.4m³以下のものに限る。）

［解説］貫流ボイラー以外の「25m² 未満」と貫流ボイラーの「250m²」未満は、とにかく暗記しておく必要がある。この場合、25m² 未満は25m² を含まない。従って、貫流ボイラー以外で伝熱面積が25m² のものは、ボイラー取扱作業主任者として二級ボイラー技士を選任することができない。この場合、特級ボイラー技士又は一級ボイラー技士でなければならない。

関係する法令

◎**廃熱ボイラー**については、その伝熱面積に1／2を乗じて得た値をその廃熱ボイラーの伝熱面積とする。

◎**貫流ボイラー**については、その伝熱面積に1／10を乗じて得た値をその貫流ボイラーの伝熱面積とする。

― 確認 テスト ―

□**1.** 伝熱面積が $14m^2$ の温水ボイラーは、法令上、ボイラー技士でなければ取り扱うことができない。

□**2.** 内径が $500mm$ で、かつ、その内容積が $0.5m^3$ の気水分離器を有する伝熱面積が $30m^2$ の貫流ボイラーは、法令上、ボイラー技士でなくても取り扱うことができる。

□**3.** 伝熱面積が $4m^2$ の蒸気ボイラーで、胴の内径が $800mm$、かつ、その長さが $1500mm$ のものは、法令上、ボイラー技士でなければ取り扱うことができない。

□**4.** 伝熱面積が $30m^2$ の気水分離器を有しない貫流ボイラーは、法令上、ボイラー技士でなければ取り扱うことができない。

□**5.** 伝熱面積が $3m^2$ の蒸気ボイラーは、法令上、ボイラー技士でなければ取り扱うことができない。

□**6.** 最大電力設備容量が $60kW$ の電気ボイラーは、法令上、ボイラー技士でなければ取り扱うことができない。

□**7.** 最大電力設備容量が $400kW$ の電気ボイラーは、法令上、ボイラー取扱作業主任者として二級ボイラー技士を選任できる。

□**8.** 伝熱面積が $30m^2$ の鋳鉄製蒸気ボイラーは、法令上、ボイラー取扱作業主任者として二級ボイラー技士を選任できる。

□**9.** 伝熱面積が $30m^2$ の炉筒煙管ボイラーは、法令上、ボイラー取扱作業主任者として二級ボイラー技士を選任できる。

□**10.** 伝熱面積が $25m^2$ の煙管ボイラーは、法令上、ボイラー取扱作業主任者として二級ボイラー技士を選任できる。

□**11.** 伝熱面積が $60m^2$ の廃熱ボイラーは、法令上、ボイラー取扱作業主任者として二級ボイラー技士を選任できる。

□**12.** 伝熱面積が $200m^2$ の貫流ボイラーは、法令上、ボイラー取扱作業主任者として二級ボイラー技士を選任できる。

解答 **1.** × **2.** × **3.** ○ **4.** × **5.** × **6.** × 伝熱面積の算定より、$60kW$ を伝熱面積に換算すると、$3m^2$ になる。 **7.** ○ **8.** × **9.** ○ **10.** × **11.** × **12.** ○

1 法令で定める職務［ボイラー則第25条］

◎事業者は、ボイラー取扱作業主任者に次の事項を行わせなければならない。

①圧力、水位及び燃焼状態を監視すること。
②急激な負荷の変動を与えないように努めること。
③最高使用圧力を超えて圧力を上昇させないこと。
④安全弁の機能の保持に努めること。
⑤１日に１回以上、水面測定装置の機能を点検すること。
⑥適宜、吹出しを行い、ボイラー水の濃縮を防ぐこと。
⑦給水装置の機能の保持に努めること。
⑧低水位燃焼しゃ断装置、火炎検出装置その他の自動制御装置を点検し、及び調整すること。
⑨ボイラーについて異常を認めたときは、直ちに必要な措置を講じること。
⑩排出されるばい煙の測定濃度及びボイラー取扱い中における異常の有無を記録すること。

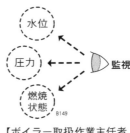

【ボイラー取扱作業主任者の職務①】

［用語］適宜…その場合又は状況にぴったり合っていること。適当。

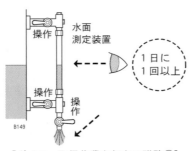

【ボイラー取扱作業主任者の職務⑤】

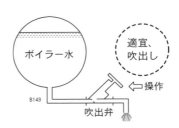

【ボイラー取扱作業主任者の職務⑥】

□**1.** 圧力、水位及び燃焼状態を監視することは、ボイラー取扱作業主任者の職務として、法令に定められていない。

□**2.** 急激な負荷の変動を与えないように努めることは、ボイラー取扱作業主任者の職務として、法令に定められていない。

□**3.** 1日に1回以上、安全弁の吹出し試験を行うことは、ボイラー取扱作業主任者の職務として、法令に定められていない。

□**4.** 低水位燃焼しゃ断装置、火炎検出装置その他の自動制御装置を点検し、及び調整することは、ボイラー取扱作業主任者の職務として、法令に定められている。

□**5.** 排出されるばいえんの測定濃度及びボイラー取扱い中における異常の有無を記録することは、ボイラー取扱作業主任者の職務として、法令に定められていない。

□**6.** ボイラーについて異常を認めたときは、直ちに必要な措置を講ずることは、ボイラー取扱作業主任者の職務として、法令に定められていない。

□**7.** 適宜、吹出しを行い、ボイラー水の濃縮を防ぐことは、ボイラー取扱作業主任者の職務として、法令に定められている。

□**8.** 1週間に1回以上水面測定装置の機能を点検することは、ボイラー取扱作業主任者の職務として、法令に定められている。

□**9.** 最高使用圧力をこえて圧力を上昇させないことは、ボイラー取扱作業主任者の職務として、法令に定められている。

□**10.** 給水装置の機能の保持に努めることは、ボイラー取扱作業主任者の職務として、法令に定められている。

解答 **1.** × **2.** × **3.** ○ **4.** ○ **5.** × **6.** × **7.** ○ **8.** ×
9. ○ **10.** ○

第4章

関係する法令

7 附属品の管理　　　重要度 ★★★

1 附属品の管理事項 ［ボイラー則第 28 条］

◎事業者は、ボイラーの安全弁その他の附属品の管理について、次の事項を行わなければならない。

①安全弁は、最高使用圧力以下で作動するように調整すること。

②過熱器用安全弁は、胴の安全弁より先に作動するように調整すること。

③逃がし管は、凍結しないように保温その他の措置を講ずること。

④圧力計又は水高計は、使用中その機能を害するような振動を受けることがないようにし、かつ、その内部が凍結し、又は 80℃以上の温度にならない措置を講ずること。

【圧力計/水高計内部の措置】

⑤圧力計又は水高計の目盛には、当該ボイラーの最高使用圧力を示す位置に、見やすい表示をすること。

［解説］水高計…温水ボイラーにおいて水圧（水高）を表示する計器である。最近では温水温度をあわせて表示する、温度水高計がよく使われている。

⑥蒸気ボイラーの常用水位は、ガラス水面計又はこれに接近した位置に、現在水位と比較することができるように表示すること。

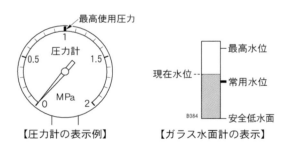

【圧力計の表示例】　　【ガラス水面計の表示】

⑦燃焼ガスに触れる給水管、吹出し管及び水面測定装置の連絡管は、耐熱材料で防護すること。

⑧温水ボイラーの返り管と逃がし管については、凍結しないように保温その他の措置を講ずること。

第4章 関係する法令

188

□1. 圧力計は、使用中その機能を害するような振動を受けることがないようにし、かつ、その内部が100℃以上の温度にならない措置を講じなければならない。

□2. 圧力計の目盛には、ボイラーの最高使用圧力を示す位置に、見やすい表示をしなければならない。

□3. 水高計の目もりには、ボイラーの常用水位を示す位置に、見やすい表示をしなければならない。

□4. 蒸気ボイラーの最高水位は、ガラス水面計又はこれに接近した位置に、現在水位と比較することができるように表示しなければならない。

□5. 燃焼ガスに触れる給水管、吹出管及び水面測定装置の連絡管は、耐熱材料で防護しなければならない。

□6. 温水ボイラーの返り管は、凍結しないように保温その他の措置を講じなければならない。

□7. 温水ボイラーの（　）及び（　）については、凍結しないように保温その他の措置を講じなければならない。

解答　1. ×　2. ○　3. ×　4. ×　5. ○　6. ○
7. 返り管 / 逃がし管

第4章

関係する法令

1 定期自主検査［ボイラー則第 32 条］

◎事業者は、ボイラーについて、その使用を開始した後、1月以内ごとに1回、定期に、次に掲げる事項について自主検査を行わなければならない。ただし、1月を超える期間使用しないボイラーについては、この限りでない。また自主検査を行なったときは、その結果を記録し、これを3年間保存しなければならない。

項目		点検事項
ボイラー本体		損傷の有無
燃焼装置	油加熱器及び燃料送給装置	損傷の有無
	バーナ	汚れ又は損傷の有無
	ストレーナ	詰まり又は損傷の有無
	バーナタイル及び炉壁	汚れ又は損傷の有無
	ストーカ及び火格子	損傷の有無
	煙道 【煙道の点検】 U字管	漏れその他の損傷の有無及び通風圧の異常の有無
自動制御装置	起動及び停止の装置 火炎検出装置 燃料しゃ断装置 水位調節装置 圧力調節装置	機能の異常の有無
	電気配線	端子の異常の有無
附属装置及び附属品	給水装置	損傷の有無及び作動の状態
	蒸気管及びこれに附属する弁	損傷の有無及び保温の状態
	空気予熱器	損傷の有無
	水処理装置	機能の異常の有無

整備作業

◎ボイラーの整備作業とは、ボイラーの使用を中止し、ボイラー水を排出して行うボイラー本体及び附属設備の内外面の清浄作業並びに附属装置の準備の作業をいい、自動制御装置又は附属品のみを整備する作業は含まない。

1 ボイラー又は煙道の内部に入るときの措置［ボイラー則第34条］

◎事業者は、労働者が掃除、修繕等のためボイラー（燃焼室を含む。）又は煙道の内部に入るときは、次の事項を行わなければならない。

①ボイラー又は煙道を**冷却**すること。
②ボイラー又は煙道の内部の**換気**を行うこと。
③ボイラー又は煙道の内部で使用する**移動電線**は、**キャブタイヤケーブル**又はこれと同等以上の絶縁効力及び強度を有するものを使用させ、かつ、**移動電灯**は、**ガード**を有するものを使用させること。
④使用中の他のボイラーとの**管連絡を確実にしゃ断**すること。

◎キャブタイヤケーブル（Cabtire cable）は、ゴムやビニールで被覆絶縁した導体を、更にゴムやビニールなどで周りを包んだ構造の電線である。通電状態のまま移動可能で、屋内・屋外の作業現場や水気のある場所で利用される。

B150

【キャブタイヤケーブルの構造】

━━━━━━ 確 認 テ ス ト ━━━━━━

□**1**．定期自主検査は、1か月を超える期間使用しない場合を除き、1か月以内ごとに1回、定期に、行わなければならない。

□**2**．定期自主検査を行ったときは、その結果を記録し、2年間保存しなければならない。

□**3**．定期自主検査において、燃料送給装置の損傷の有無について点検しなければならない。

□**4**．定期自主検査において、火炎検出装置の汚れ又は損傷の有無について点検しなければならない。

□**5**．定期自主検査において、燃料しゃ断装置の、機能の異常の有無について点検しなければならない。

□**6**．定期自主検査において、給水装置の、損傷の有無及び作動の状態について点検しなければならない。

□**7**．定期自主検査において、水処理装置の、機能の異常の有無について点検しなければならない。

□**8**．定期自主検査において、圧力調節装置の、つまり又は損傷の有無について点検しなければならない。

□**9**．定期自主検査において、ストレーナの、つまり又は損傷の有無について点検しなければならない。

□**10.** 定期自主検査において、油加熱器及び燃料送給装置の、保温の状態及び損傷の有無について点検しなければならない。

□**11.** 定期自主検査において、バーナの、汚れ又は損傷の有無について点検しなければならない。

□**12.** 定期自主検査において、水位調節装置の、機能の異常の有無について点検しなければならない。

□**13.** 定期自主検査において、空気予熱器の、損傷の有無について点検しなければならない。

□**14.** 「燃焼装置」の煙道については、燃焼温度の異常の有無について点検しなければならない。

□**15.** 「自動制御装置」の電気配線については、端子の異常の有無について点検しなければならない。

□**16.** 掃除、修繕等のためボイラー（燃焼室を含む。）の内部に入るとき、ボイラーの内部の換気を行わなければならない。

□**17.** 掃除、修繕等のためボイラー（燃焼室を含む。）の内部に入るとき、ボイラーの内部で使用する移動電灯は、ガードを有するものを使用させなければならない。

□**18.** 掃除、修繕等のためボイラー（燃焼室を含む。）の内部に入るとき、ボイラーの内部で使用する移動電線は、ビニルコード又はこれと同等以上の絶縁効力及び強度を有するものを使用させなければならない。

□**19.** 掃除、修繕等のためボイラー（燃焼室を含む。）の内部に入るとき、使用中の他のボイラーとの管連絡をしゃ断しなければならない。

□**20.** ボイラー内部の酸素濃度を測定することは、そうじ、修繕等のため運転停止後間もないボイラー（燃焼室を含む。）の内部に入るとき行わなければならない措置として、法令に定められていない。

□**21.** 掃除、修繕等のためボイラー（燃焼室を含む。）の内部に入るとき、監視人を配置しなければならない。

解答 1. ○ 2. × 3. ○ 4. × 5. ○ 6. ○ 7. ○ 8. × 9. ○ 10. × 11. ○ 12. ○ 13. ○ 14. × 15. ○ 16. ○ 17. ○ 18. × 19. ○ 20. ○ 21. ×

第4章 関係する法令

192

9 安全弁の構造規格 重要度 ★★★

1 安全弁 ［ボイラー構造規格第62条］

◎蒸気ボイラーには、内部の圧力を最高使用圧力以下に保持することができる安全弁を2個以上備えなければならない。ただし、**伝熱面積50m²以下の蒸気ボイラー**にあっては、安全弁を1個とすることができる。

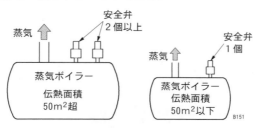

【安全弁の個数】

◎安全弁は、ボイラー本体の容易に検査できる位置に**直接取り付け**、かつ、弁軸を鉛直にしなければならない。

2 過熱器の安全弁 ［ボイラー則第28条／ボイラー構造規格第63条］

◎過熱器用安全弁は、過熱器の焼損を防止するため、**胴の安全弁より先に作動する**ように調整すること。

◎過熱器には、過熱器の**出口付近**に過熱器の温度を**設計温度以下**に保持することができる**安全弁**を備えなければならない。

◎**貫流ボイラー**にあっては、［安全弁は、ボイラー本体の容易に検査できる位置に直接取り付け、かつ、弁軸を鉛直にしなければならない］という規定にかかわらず、当該ボイラーの最大蒸発量以上の吹出し量の**安全弁**を過熱器の出口付近に取り付けることができる。

［参考］各安全弁の作動順序「過熱器→ボイラー本体→エコノマイザ」

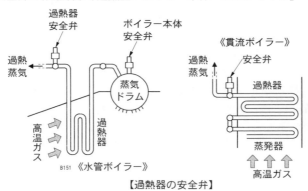

【過熱器の安全弁】

3 温水ボイラーの逃がし弁又は安全弁 ［ボイラー構造規格第65条］

◎水の温度が120℃以下の温水ボイラーには、圧力が最高使用圧力に達すると直ちに作用し、かつ、内部の圧力を最高使用圧力以下に保持することができる逃がし弁を備えなければならない。

◎水の温度が120℃を超える温水ボイラーには、内部の圧力を最高使用圧力以下に保持することができる安全弁を備えなければならない。

［解説］逃がし弁は、蒸気ボイラーの安全弁に相当するものである。その構造は、ばね安全弁とほとんど変わらない。水の膨張による圧力上昇によって弁体を押し上げて水を逃がす。

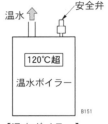

【温水ボイラー】

確認テスト

□1. 伝熱面積が $50m^2$ を超える蒸気ボイラーには、安全弁を2個以上備えなければならない。

□2. 伝熱面積が $100m^2$ 以下の蒸気ボイラーには、安全弁を1個備えなければならない。

□3. 貫流ボイラー以外の蒸気ボイラーの安全弁は、ボイラー本体の容易に検査できる位置に直接取り付け、かつ、弁軸を鉛直にしなければならない。

□4. 過熱器用安全弁は、胴の安全弁より後に作動するよう調整しなければならない。

□5. 過熱器には、過熱器の入口付近に過熱器の圧力を設計圧力以下に保持することができる安全弁を備えなければならない。

□6. 水の温度が120℃を超える温水ボイラーには、安全弁を備えなければならない。

□7. 貫流ボイラー（小型ボイラーを除く。）について、ボイラーの最大蒸発量以上の吹出し量の安全弁を、ボイラー本体と過熱器の中間に取り付けなければならない。

□8. 水の温度が（　）℃を超える鋼製温水ボイラー（小型ボイラーを除く。）には、内部の圧力を最高使用圧力以下に保持することができる（　）を備えなければならない。

解答　1. ○　2. ×　3. ○　4. ×　5. ×　6. ○　7. ×
8. 120/ 安全弁

10 圧力計等の構造規格

重要度 ★★

1 圧力計 [ボイラー構造規格第66条]

◎蒸気ボイラーの蒸気部、水柱管又は水柱管に至る蒸気側連絡管には、次の各号に定めるところにより、**圧力計**を取り付けなければならない。

①蒸気が直接圧力計に入らないようにすること。
②コック又は弁の開閉状況を容易に知ることができること。
③圧力計への連絡管は、容易に閉塞しない構造であること。
④圧力計の目盛盤の最大指度は、**最高使用圧力**の**1.5倍以上3倍以下**の圧力を示す指度とすること。 〔例〕最高使用圧力…0.1MPa ⇒圧力計の最大指度0.15〜0.3MPa
⑤圧力計の目盛盤の径は、目盛を確実に確認できるものであること。

2 温度計 [ボイラー構造規格第68条]

◎蒸気ボイラーには、過熱器の出口付近における蒸気の**温度**を表示する**温度計**を取り付けなければならない。

◎温水ボイラーには、ボイラーの出口付近における温水の**温度**を表示する**温度計**を取り付けなければならない。

3 ガラス水面計 [ボイラー構造規格第69条]

◎蒸気ボイラー（貫流ボイラーを除く。）には、ボイラー本体又は水柱管に、ガラス水面計を**2個以上**取り付けなければならない。

4 水面測定装置（水柱管及び水面計との連絡管）[ボイラー構造規格第71条]

◎水柱管とボイラーとを結ぶ**蒸気側連絡管**は、管の途中に**ドレン**のたまる部分がない構造とし、かつ、これを水柱管及びボイラーに取り付ける口は、水面計で見ることができる**最高水位より下**であってはならない。

◎水柱管とボイラーとを結ぶ**水側連絡管**は、管の途中に**中高又は中低のない構造**とし、かつ、これを水柱管又はボイラーに取り付ける口は、水面計で見ることができる**最低水位より上**であってはならない。

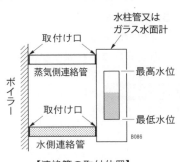

【連絡管の取付位置】

 の中の文字: 水柱管又はガラス水面計 / 取付け口 / 蒸気側連絡管 / ボイラー / 取付け口 / 水側連絡管 / 最高水位 / 最低水位 / B086

5 爆発戸 [ボイラー構造規格第81条]

◎ボイラーに設けられた**爆発戸**の位置がボイラー技士の作業場所から**2m以内**にあるときは、当該ボイラーに爆発ガスを安全な方向へ分散させる装置を設けなければならない。

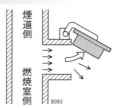

【爆発戸】

◎微粉炭燃焼装置には、爆発戸を設けなければならない。

◎爆発戸は、失火等により燃焼室内に未燃焼ガスが充満し、引火、爆発した場合、その衝撃を吸収し（逃がし）、人的被害や煙道等の損傷を軽減させるものである。開閉式のものは、衝撃によって開き、ショックを逃がす構造になっている。

確認テスト

□1. 蒸気ボイラー（小型ボイラーを除く。）に取り付ける圧力計の目盛盤の最大指度は、（ ）の（ ）倍以上（ ）倍以下の圧力を示す指度としなければならない。

□2. （ ）ボイラーには、ボイラーの（ ）付近における（ ）の（ ）を表示する（ ）計を取り付けなければならない。

□3. （ ）ボイラー（貫流ボイラーを除く。）には、ボイラー本体又は水柱管に、ガラス水面計を（ ）個以上取り付けなければならない。

□4. （ ）側連絡管は、管の途中に中高又は中低のない構造とし、かつ、これを水柱管又はボイラーに取り付ける口は、水面計で見ることができる（ ）水位より（ ）であってはならない。

□5. ボイラーに設けられた（ ）戸の位置がボイラー技士の作業場所から（ ）m以内にあるときは、当該ボイラーに爆発ガスを（ ）な方向へ分散させる装置を設けなければならない。

解答・解説 1. 最高使用圧力 / 1.5 / 3　2. 温水 / 出口 / 温水 / 温度 / 温度
3. 蒸気 / 2　4. 水 / 最低 / 上　5. 爆発 / 2 / 安全

11 給水装置の構造規格　重要度 ★★

1 給水装置 [ボイラー構造規格第73条]

◎蒸気ボイラーには、最大蒸発量以上を給水することができる給水装置を備えなければならない。

2 近接した2以上の蒸気ボイラーの特例 [ボイラー構造規格第74条]

◎近接した2以上の蒸気ボイラーを結合して使用する場合には、当該結合して使用する蒸気ボイラーを1の蒸気ボイラーとみなして、要件（略）を満たす給水装置を備えなければならない。

3 給水弁と逆止め弁 [ボイラー構造規格第75条]

◎給水装置の給水管には、蒸気ボイラーに近接した位置に、給水弁及び逆止め弁を取り付けなければならない。ただし、貫流ボイラー及び最高使用圧力 0.1MPa 未満の蒸気ボイラーにあっては、給水弁のみとすることができる。

4 蒸気止め弁 [ボイラー構造規格第77条]

◎過熱器には、ドレン抜きを備えなければならない。

5 吹出し管及び吹出し弁 [ボイラー構造規格第78条]

◎蒸気ボイラー（貫流ボイラーを除く。）には、スケールその他の沈殿物を排出することができる吹出し管であって、吹出し弁又は吹出しコックを取り付けたものを備えなければならない。

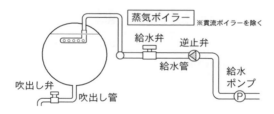

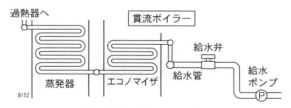

【2種類のボイラーの給水系統】

6 給水内管 ［ボイラー構造規格第76条］

◎給水内管は、**取り外しができる構造**のものでなければならない。

給水管

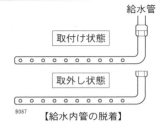

【給水内管の脱着】

7 自動給水調整装置 ［ボイラー構造規格第84条］

◎自動給水調整装置は、蒸気ボイラーごとに設けなければならない。

8 貫流ボイラーの燃料遮断装置 ［ボイラー構造規格第84条］

◎**貫流ボイラー**には、ボイラーごとに、起動時にボイラー水が不足している場合及び運転時にボイラー水が不足した場合に、**自動的に燃料の供給を遮断する装置**又はこれに代わる安全装置を設けなければならない。

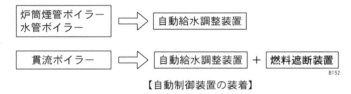

【自動制御装置の装着】

確認テスト

□**1.** 貫流ボイラー（小型ボイラーを除く。）の給水装置の給水管には、給水弁を取り付けなければならないが、逆止め弁は取り付けなくてもよい。

□**2.** 貫流ボイラー（小型ボイラーを除く。）については、吹出し装置は、設けなくてもよい。

□**3.** 貫流ボイラー（小型ボイラーを除く。）の過熱器には、ドレン抜きを備えなければならない。

□**4.** （　）には、起動時にボイラー水が不足している場合及び運転時にボイラー水が不足した場合に、自動的に燃料の供給を遮断する装置又はこれに代わる安全装置を設けなければならない。

解答 　　**1.** ○　**2.** ○　**3.** ○　**4.** 貫流ボイラー

12 鋳鉄製ボイラーの構造規格 （重要度 ★★）

1 温水温度自動制御装置［ボイラー構造規格第98条］

◎鋳鉄製の温水ボイラーで、圧力が0.3MPaを超える
ものには、温水温度が120℃を超えないように温水
温度自動制御装置を設けなければならない。

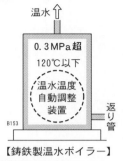

【鋳鉄製温水ボイラー】

2 水道などからの給水［ボイラー構造規格第100条］

◎鋳鉄製ボイラーで給水が水道その他
圧力を有する水源から供給される場合
には、当該水源に係る管（給水管）を
返り管に取り付けなければならない。

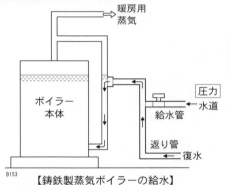

【鋳鉄製蒸気ボイラーの給水】

第4章 関係する法令

確認テスト

□1. 鋳鉄製温水ボイラー（小型ボイラーを除く。）で圧力（　）MPaを超えるも
のには、温水温度が（　）℃を超えないように温水温度自動制御装置を設けな
ければならない。

□2. 鋳鉄製ボイラー（小型ボイラーを除く。）において、給水が水道その他（　）
を有する水源から供給される場合には、給水管を（　）に取り付けなければな
らない。

解答・　　1. 0.3/120　2. 圧力/返り管

第**4**章

関係する法令

◎公論出版ホームページ上にて、本書収録の過去問より以前の
　過去公表試験問題を公開しています。A4サイズで印刷するこ
　とができますので、併せて学習にご活用ください。

URL⇒https://kouronpub.com/past_issues/boiler/boiler_index.html

◎本書購入者特典として、公論出版ホームページ上にて公開している過去公表問
　題の解説付き解答が閲覧できます。以下のパスワードを入力して、是非ご活用
　ください。

解説閲覧パスワード 　 kouron

[出題頻度] ★★★＝80％以上　★★＝60％程度　★＝40％程度　なし＝20％以下

（ボイラーの構造に関する知識）

【問1】 熱及び蒸気について、適切でないものは次のうちどれか。[★★]

☑　1．水の温度は、沸騰を開始してから全部の水が蒸気になるまで一定である。

2．過熱蒸気の温度と、同じ圧力の飽和蒸気の温度との差を過熱度という。

3．飽和水の比エンタルピは、圧力が高くなるほど小さくなる。

4．飽和蒸気の比体積は、圧力が高くなるほど小さくなる。

5．飽和水の蒸発熱は、圧力が高くなるほど小さくなり、臨界圧力に達するとゼロになる。

【問2】 水管ボイラーについて、適切でないものは次のうちどれか。[★★]

☑　1．水管ボイラーは、ボイラー水の流動方式によって自然循環式、強制循環式及び貫流式に分類される。

2．強制循環式水管ボイラーは、ボイラー水の循環系路中に設けたポンプによって、強制的にボイラー水の循環を行わせる。

3．二胴形水管ボイラーは、炉壁内面に水管を配した水冷壁と、上下ドラムを連絡する水管群を組み合わせた形式のものが一般的である。

4．高圧大容量の水管ボイラーには、全吸収熱量のうち、蒸発部の接触伝熱面で吸収される熱量の割合が大きい放射形ボイラーが用いられる。

5．貫流ボイラーは、管系だけで構成され、蒸気ドラム及び水ドラムを必要としないので、高圧ボイラーに適している。

【問3】 鋳鉄製ボイラーについて、適切でないものは次のうちどれか。[★★]

☑　1．温水ボイラーの温水温度は、120℃以下に限られる。

2．重力循環方式の蒸気ボイラーでは、給水管はボイラー本体の安全低水面の位置に直接取り付ける。

3．ポンプ循環方式の蒸気ボイラーの場合、返り管は安全低水面以下150mm以内の高さに取り付ける。

4．ウェットボトム式は、ボイラー底部に耐火材を必要としない構造となっている。

5．鋼製ボイラーに比べ、熱による不同膨張によって割れが生じやすい。

【問4】ボイラーに用いられるステーについて、適切でないものは次のうちどれか。

[★★★]

☑ 1．平鏡板は、圧力に対して強度が弱く変形しやすいので、大径のものや高い圧力を受けるものはステーによって補強する。

2．管ステーは、煙管よりも肉厚の鋼管を管板に溶接又はねじ込みによって取り付ける。

3．管ステーを火炎に触れる部分にねじ込みによって取り付ける場合には、焼損を防ぐためねじ込み後に、ころ広げをして完了とする。

4．ガセットステーは、平板によって鏡板を胴で支えるもので、溶接によって取り付ける。

5．ガセットステーは、熱応力を緩和するため、鏡板にブリージングスペースを設けて取り付ける。

【問5】ボイラーの水面測定装置について、適切でないものは次のうちどれか。[★★★]

☑ 1．貫流ボイラーを除く蒸気ボイラーには、原則として、2個以上のガラス水面計を見やすい位置に取り付ける。

2．ガラス水面計は、可視範囲の最下部がボイラーの安全低水面と同じ高さになるように取り付ける。

3．丸形ガラス水面計は、主として最高使用圧力1MPa以下の丸ボイラーなどに用いられる。

4．平形透視式水面計は、ガラスの前面から見ると水部は光が通って黒色に見え、蒸気部は白色に光って見える。

5．二色水面計は、光線の屈折率の差を利用したもので、蒸気部は赤色に、水部は緑色（青色）に見える。

【問6】温水ボイラーの逃がし管及び逃がし弁について、適切でないものは次のうちどれか。[★]

☑ 1．膨張した水を膨張タンクに逃がす場合、そのタンクに密閉型を用いる場合には、逃がし弁を取り付ける。

2．逃がし管は、ボイラーが高圧になるのを防ぐ安全装置である。

3．逃がし管には、途中に弁やコックを取り付けてはならない。

4．逃がし管は、伝熱面積に応じて最大径が定められている。

5．逃がし弁は、水の膨張により圧力が設定した圧力を超えると、弁体を押し上げ、水を逃がすものである。

【問7】 ボイラーのエコノマイザについて、適切でないものは次のうちどれか。[★★]

☑ 1. エコノマイザには、一般に鋼管形が用いられる。

2. エコノマイザ管には、平滑管やひれ付き管が用いられる。

3. エコノマイザ管は、エコノマイザに使用される伝熱管である。

4. エコノマイザを設置すると、ガス温度が低下するため、煙突によって生じる通風力が増加する。

5. エコノマイザは、燃料の性状によっては低温腐食を起こすことがある。

【問8】 ボイラーに使用するブルドン管圧力計について、適切でないものは次のうちどれか。[★★★]

☑ 1. 圧力計は、原則として、胴又は蒸気ドラムの一番高い位置に取り付ける。

2. 圧力計のコックは、ハンドルが管軸と直角方向になったときに閉じるように取り付ける。

3. 圧力計と胴又は蒸気ドラムとの間にオリフィスを取り付け、蒸気がブルドン管に直接入らないようにする。

4. 圧力計では、ブルドン管に圧力が加わり管の円弧が広がると、歯付扇形片が動いて小歯車が回転し、指針が圧力を示す。

5. ブルドン管は、断面が扁平な管を円弧状に曲げ、その一端を固定し他端を閉じたものである。

【問9】 ボイラーのシーケンス制御回路に使用される電気部品について、適切でないものは次のうちどれか。[★★]

☑ 1. 電磁継電器は、コイルに電流が流れて鉄心が励磁され、吸着片を引き付けることによって接点を切り替える。

2. 電磁継電器のメーク接点（a接点）は、コイルに電流が流れると開となり、電流が流れないと閉となる。

3. 電磁継電器のブレーク接点（b接点）を用いることによって、入力信号に対して出力信号を反転させることができる。

4. タイマは、適当な時間の遅れをとって接点を開閉するリレーで、シーケンス回路によって行う自動制御回路に多く利用される。

5. リミットスイッチは、物体の位置を検出し、その位置に応じた制御動作を行うために用いられるもので、マイクロスイッチや近接スイッチがある。

【問 10】 ボイラーの燃焼装置・燃焼安全装置に求められる要件について、適切でないものは次のうちどれか。[★]

☑ 1. 燃焼装置は、燃焼が停止した後に、燃料が燃焼室内に流入しない構造のものであること。

2. 燃焼装置は、燃料漏れの点検・保守が容易な構造のものであること。

3. 燃焼装置には、主安全制御器、火炎検出器、燃料遮断弁などで構成される信頼性の高い燃焼安全装置が設けられていること。

4. 燃焼安全装置は、ファンが異常停止した場合に、主バーナへの燃料の供給を直ちに遮断する機能を有するものであること。

5. 燃焼安全装置は、異常消火の場合に、主バーナへの燃料の供給を直ちに遮断し、修復後は手動又は自動で再起動する機能を有するものであること。

（ボイラーの取扱いに関する知識）

【問 11】 ボイラーの点火前の点検・準備について、適切でないものは次のうちどれか。

[★★★]

☑ 1. 水面計を点検してからボイラー水位を確認し、水位が低いときは、給水を行って常用水位に調整する。

2. 水位を上下して水位検出器の機能を試験し、設定水位の下限において、給水調節弁が閉方向に動作することを確認する。

3. 圧力計の指針の位置を点検し、残針がある場合は予備の圧力計と取り替える。

4. 験水コックがある場合には、水部にあるコックを開けて、水が噴き出すことを確認する。

5. 煙道の各ダンパを全開にしてファンを運転し、炉及び煙道内の換気を行う。

【問 12】 ボイラーをたき始めるときの、各種の弁又はコックとその開閉の組合せとして、適切でないものは次のうちどれか。[★]

☑ 1. 主蒸気弁 ………………………………………… 閉

2. 胴の空気抜弁 …………………………………… 開

3. 吹出し弁又は吹出しコック …………………… 閉

4. 水面計とボイラー間の連絡管の弁又はコック …… 閉

5. 圧力計のコック ………………………………… 開

【問 13】 ボイラー水位が安全低水面以下に異常低下する原因として、適切でないものは次のうちどれか。[★★]

☑ 1. 蒸気トラップの機能が不良である。
   2. 給水逆止め弁が故障した。
   3. 吹出し装置の閉止が不完全である。
   4. 蒸気を大量に消費した。
   5. 給水内管の穴が閉塞した。

【問 14】 ボイラーに発生するキャリオーバとしての現象及び原因として、適切でないものは次のうちどれか。[★★]

☑ 1. ボイラー水が水滴となって蒸気とともに運び出された。これをプライミング（水気立ち）という。
   2. ドラム内に発生した泡が広がり、これにより蒸気に水分が混入して運び出された。これをホーミング（泡立ち）という。
   3. 蒸気流量が急増した。
   4. ボイラー水に有機物が含まれていたり、又は溶解した蒸発残留物が過度に濃縮している。
   5. ボイラー水の導電性が低下している。

【問 15】 ボイラーの燃焼安全装置の燃料遮断弁が作動する原因となる場合として、適切でないものは次のうちどれか。[★★]

☑ 1. 蒸気圧力が過昇した。
   2. 高水位である。
   3. 不着火だった。
   4. 異常消火した。
   5. 送風量が低下した。

【問 16】 ボイラーに給水するディフューザポンプの取扱いについて、適切でないものは次のうちどれか。[★]

☑ 1. グランドパッキンシール式の軸については、運転中に少量の水が連続して滴下する程度にパッキンが締まっていることを確認する。
   2. 運転前に、ポンプ内及びポンプ前後の配管内の空気を十分に抜く。
   3. 起動は、吸込み弁及び吐出し弁を全開にした状態で行う。
   4. 運転中は、ポンプの吐出し圧力、流量及び負荷電流が適正であることを確認する。
   5. 運転を停止するときは、吐出し弁を徐々に閉め、全閉にしてからポンプ駆動用電動機を止める。

【問17】 ボイラーのばね安全弁及び逃がし弁の調整並びに試験について、適切でないものは次のうちどれか。[★★]

☐ 1. 安全弁の調整ボルトを定められた位置に設定した後、ボイラーの圧力をゆっくり上昇させて安全弁を作動させ、吹出し圧力及び吹止まり圧力を確認する。

2. 安全弁が設定圧力になっても作動しない場合は、一旦、ボイラーの圧力を設定圧力の80%程度まで下げ、調整ボルトを緩めて、再度、試験する。

3. ボイラー本体に安全弁が2個ある場合は、1個を最高使用圧力以下で先に作動するように調整したときは、他の1個を最高使用圧力の3%増以下で作動するように調整することができる。

4. エコノマイザの逃がし弁（安全弁）は、ボイラー本体の安全弁より低い圧力に調整する。

5. 最高使用圧力の異なるボイラーが連絡している場合、各ボイラーの安全弁は、最高使用圧力の最も低いボイラーを基準に調整する。

【問18】 ボイラーの運転を停止し、ボイラー水を全部排出する場合の措置として、適切でないものは次のうちどれか。[★]

☐ 1. 運転停止のときは、ボイラーの水位を常用水位に保つように給水を続け、蒸気の送り出し量を徐々に減少させる。

2. 運転停止のときは、燃料の供給を停止し、十分換気してからファンを止める。

3. 運転停止後は、ボイラーの蒸気圧力がないことを確かめた後、給水弁及び蒸気弁を閉じる。

4. 給水弁及び蒸気弁を閉じた後は、ボイラー内部が負圧にならないように空気抜弁を閉じて、空気を送り込む。

5. ボイラー水の排出は、運転停止後、ボイラー水の温度が90℃以下になってから、吹出し弁を開いて行う。

【問19】 ボイラー水中の不純物について、適切でないものは次のうちどれか。[★★]

☐ 1. 溶存している O_2 は、鋼材の腐食の原因となる。

2. 溶存している CO_2 は、鋼材の腐食の原因となる。

3. スケールは、溶解性蒸発残留物が濃縮され、ドラム底部などに沈積した軟質沈殿物である。

4. 懸濁物には、りん酸カルシウムなどの不溶物質、エマルジョン化された鉱物油などがある。

5. スケールの熱伝導率は、炭素鋼の熱伝導率より低い。

【問20】 次のうち、ボイラー給水の脱酸素剤として使用される薬剤のみの組合せは どれか。[★★★]

- ☑ 1. 塩化ナトリウム　　　　　りん酸ナトリウム
- 2. りん酸ナトリウム　　　　タンニン
- 3. 炭酸ナトリウム　　　　　りん酸ナトリウム
- 4. 亜硫酸ナトリウム　　　　炭酸ナトリウム
- 5. 亜硫酸ナトリウム　　　　タンニン

（燃料及び燃焼に関する知識）

【問21】 次の文中の（　）内に入れるA及びBの語句の組合せとして、適切なもの は（1）〜（5）のうちどれか。[★★★]

　「液体燃料を加熱すると（A）が発生し、これに小火炎を近づけると瞬間的に 光を放って燃え始める。この光を放って燃える最低の温度を（B）という。」

	A	B
☑ 1.	酸素	引火点
2.	酸素	発火温度
3.	蒸気	発火温度
4.	蒸気	引火点
5.	水素	着火温度

【問22】 重油に含まれる水分及びスラッジによる障害について、適切でないものは 次のうちどれか。[★★]

- ☑ 1. 水分が多いと、熱損失が増加する。
- 2. 水分が多いと、息づき燃焼を起こす。
- 3. 水分が多いと、炭化物が生成される。
- 4. スラッジは、弁、ろ過器、バーナチップなどを閉塞させる。
- 5. スラッジは、ポンプ、流量計、バーナチップなどを摩耗させる。

【問23】 ボイラー用気体燃料に関するAからDまでの記述で、適切なもののみを全て挙げた組合せは、次のうちどれか。[★★]

A：気体燃料は、石炭や液体燃料に比べて成分中の炭素に対する水素の比率が高い。

B：LPGは、常温・常圧では気体であるが、常温で加圧することにより液化できる。

C：都市ガスは、漏えいすると窪（くぼ）みなどの低部に滞留しやすい。

D：都市ガスは、液体燃料に比べて NOx や CO₂ の排出量が少なく、また、SOx は排出しない。

☑ 1．A，B
　　2．A，B，D
　　3．A，C
　　4．A，C，D
　　5．B，D

【問24】 ボイラーの液体燃料の供給装置について、適切でないものは次のうちどれか。
[★]

☑ 1．燃料油タンクは、用途により貯蔵タンクとサービスタンクに分類される。
　　2．サービスタンクには、油面計、温度計、自動油面調節装置などを取り付ける。
　　3．サービスタンクの貯油量は、一般に最大燃焼量の2時間分程度とする。
　　4．油ストレーナは、油中の、ごみや水分などを除去するもので、オートクリーナなどがある。
　　5．燃料油にA重油の粘度以下及び軽質油を用いる場合は、一般に油加熱器を必要としないことが多い。

【問25】 ボイラーにおける燃料の燃焼について、適切でないものは次のうちどれか。
[★★]

☑ 1．燃焼には、燃料、空気及び温度の三つの要素が必要である。
　　2．理論空気量を A₀、実際空気量を A、空気比を m とすると、A＝mA₀ という関係が成り立つ。
　　3．実際空気量は、一般の燃焼では、理論空気量より多い。
　　4．一定量の燃料を完全燃焼させるときに、燃焼速度が遅いと燃焼がゆっくり進行するので、狭い燃焼室でも良い。
　　5．燃焼ガスの成分割合は、燃料の成分、空気比及び燃焼の方法によって変わる。

【問26】 ボイラーの油バーナについて、適切でないものは次のうちどれか。[★★★]

☑ 1．圧力噴霧式バーナは、油に高圧力を加え、これをノズルチップから炉内に噴出させて微粒化するものである。

2．戻り油式圧力噴霧バーナは、単純な圧力噴霧式バーナに比べ、ターンダウン比が広い。

3．高圧蒸気噴霧式バーナは、比較的高圧の蒸気を霧化媒体として油を微粒化するもので、ターンダウン比が広い。

4．回転式バーナは、回転軸に取り付けられたカップの内面で油膜を形成し、遠心力により油を微粒化するものである。

5．ガンタイプバーナは、ファンと空気噴霧式バーナを組み合わせたもので、燃焼量の調節範囲が広い。

【問27】 ボイラーにおける気体燃料の燃焼の特徴として、適切でないものは次のうちどれか。[★]

☑ 1．燃焼させるときに、微粒化や蒸発のプロセスが不要である。

2．空気との混合状態を比較的自由に設定でき、火炎の広がり、長さなどの調節が容易である。

3．安定した燃焼が得られ、点火及び消火が容易で、かつ、自動化しやすい。

4．ガス火炎は、油火炎に比べて、放射率が高いので、接触伝熱面での伝熱量が多い。

5．燃料の霧化媒体としての高圧空気や蒸気を必要としない。

【問28】 ボイラーの燃料の燃焼により発生する大気汚染物質について、適切でないものは次のうちどれか。[★]

☑ 1．排ガス中の NO_x は、大部分が NO である。

2．排ガス中の SO_x は、大部分が SO_2 である。

3．フューエル NO_x は、燃料中の窒素化合物が酸化されて生じる。

4．ダストは、燃料の燃焼により分解した炭素が遊離炭素として残存したものである。

5．SO_x は、NO_x とともに酸性雨の原因となる。

【問29】 次の文中の（　）内に入れるAからCまでの語句の組合せとして、適切なものは（1）〜（5）のうちどれか。[★★]

「（A）燃焼における（B）は、燃焼装置にて燃料の周辺に供給され、初期燃焼を安定させる。また、（C）は、旋回又は交差流によって燃料と空気の混合を良好に保ち、燃焼を完結させる。」

	A	B	C
☑ 1.	流動層	一次空気	二次空気
2.	流動層	二次空気	一次空気
3.	油・ガスだき	一次空気	二次空気
4.	油・ガスだき	二次空気	一次空気
5.	火格子	一次空気	二次空気

【問30】 ボイラーの通風に関して、適切でないものは次のうちどれか。[★★★]

☑ 1. 通風を起こさせる圧力差を通風力という。

2. 煙突によって生じる自然通風力は、煙突の高さが高いほど強くなる。

3. 押込通風は、燃焼用空気をファンを用いて、大気圧より高い圧力の炉内に押し込むものである。

4. 誘引通風は、比較的高温で体積の大きな燃焼ガスを取り扱うので、大型のファンを必要とする。

5. 平衡通風は、燃焼ガスの外部への漏れ出しはないが、誘引通風より大きな動力を必要とする。

（関係法令）

【問31】 使用を廃止したボイラー（移動式ボイラー及び小型ボイラーを除く。）を再び設置する場合の手続きの順序として、法令の内容と一致するものは次のうちどれか。[★★★]

ただし、計画届の免除認定を受けていない場合とする。

☑ 1. 設置届　→　使用検査　→　落成検査

2. 設置届　→　使用検査　→　性能検査

3. 使用検査　→　構造検査　→　設置届

4. 使用検査　→　設置届　→　落成検査

5. 溶接検査　→　構造検査　→　落成検査

【問 32】 ボイラー（移動式ボイラー、屋外式ボイラー及び小型ボイラーを除く。）を設置するボイラー室について、その内容が法令に定められていないものは次のうちどれか。[★★★]

☑ 1. 伝熱面積が 3 m² を超える蒸気ボイラーは、ボイラー室に設置しなければならない。

2. ボイラーの最上部から天井、配管その他のボイラーの上部にある構造物までの距離は、原則として、1.2m 以上としなければならない。

3. ボイラーの外側から 0.15m 以内にある可燃性の物は、金属製の材料で被覆しなければならない。

4. 立てボイラーは、ボイラーの外壁から壁、配管その他のボイラーの側部にある構造物（検査及びそうじに支障のない物を除く。）までの距離を、原則として、0.45m 以上としなければならない。

5. ボイラー室に固体燃料を貯蔵するときは、原則として、これをボイラーの外側から 1.2m 以上離しておかなければならない。

【問 33】 ボイラー取扱作業主任者の職務に関する A から D までの記述で、その内容が法令に定められているもののみを全て挙げた組合せは、次のうちどれか。

[★]

A：1 日に 1 回以上安全弁の機能を点検すること。
B：最高使用圧力をこえて圧力を上昇させないこと。
C：低水位燃焼しゃ断装置、火炎検出装置その他の自動制御装置を点検し、及び調整すること。
D：圧力、水位及び燃焼状態を監視すること。

☑ 1. A，B
2. A，B，C
3. A，C
4. B，C，D
5. C，D

【問 34】 次の文中の（　）内に入れる A 及び B の語句の組合せとして、該当する法令の内容と一致するものは（1）〜（5）のうちどれか。[★★★]

「蒸気ボイラー（小型ボイラーを除く。）の（A）は、ガラス水面計又はこれに接近した位置に、（B）と比較することができるように表示しなければならない。」

	A	B
☑ 1.	最高水位	現在水位
2.	最低水位	現在水位
3.	標準水位	最低水位
4.	常用水位	現在水位
5.	現在水位	標準水位

【問 35】 ボイラー（移動式ボイラー及び小型ボイラーを除く。）について、次の文中の（　）内に入れるA及びBの語句の組合せとして、該当する法令の内容と一致するものは（1）～（5）のうちどれか。[★★★]

「（A）並びにボイラー取扱作業主任者の（B）及び氏名をボイラー室その他のボイラー設置場所の見やすい箇所に掲示しなければならない。」

		A	B
☑	1．	ボイラー明細書	資格
	2．	ボイラー明細書	所属
	3．	ボイラー検査証	所属
	4．	ボイラー検査証	資格
	5．	最高使用圧力及び伝熱面積	所属

【問 36】 法令上、ボイラー（移動式ボイラー及び小型ボイラーを除く。）を設置している者が、ボイラー検査証の再交付を所轄労働基準監督署長から受けなければならない場合は、次のうちどれか。[★★★]

☑ 1．ボイラーを設置する事業者に変更があったとき。
2．ボイラーを移設して設置場所を変更したとき。
3．ボイラーの最高使用圧力を変更したとき。
4．ボイラーの伝熱面積を変更したとき。
5．ボイラー検査証を損傷したとき。

【問 37】 ボイラー（移動式ボイラー及び小型ボイラーを除く。）に関する次の文中の（　）内に入れるAからCまでの語句の組合せとして、該当する法令の内容と一致するものは（1）～（5）のうちどれか。[★★★]

なお、ボイラーはボイラー室に設置する必要のあるものとする。

「ボイラーを設置した者は、所轄労働基準監督署長が検査の必要がないと認めたものを除き、①ボイラー、②ボイラー室、③ボイラー及びその（A）の配置状況、④ボイラーの据付基礎並びに（B）及び煙道の構造について、（C）検査を受けなければならない。」

		A	B	C
☑	1．	自動制御装置	通風装置	落成
	2．	自動制御装置	燃焼室	使用
	3．	配管	燃焼室	落成
	4．	配管	燃焼室	性能
	5．	配管	通風装置	使用

【問38】 次の文中の（　）内に入れるＡの数値及びＢの語句の組合せとして、該当する法令の内容と一致するものは（1）〜（5）のうちどれか。[★★★]

「水の温度が（Ａ）℃を超える鋼製温水ボイラー（小型ボイラーを除く。）には、内部の圧力を最高使用圧力以下に保持することができる（Ｂ）を備えなければならない。」

		Ａ	Ｂ
☑	1.	100	逃がし管
	2.	100	逃がし弁
	3.	120	安全弁
	4.	120	逃がし弁
	5.	130	安全弁

【問39】 給水が水道その他圧力を有する水源から供給される場合に、法令上、当該水源に係る管を返り管に取り付けなければならないボイラー（小型ボイラーを除く。）は、次のうちどれか。[★★]

- ☑ 1. 立てボイラー
- 2. 鋳鉄製ボイラー
- 3. 炉筒煙管ボイラー
- 4. 水管ボイラー
- 5. 貫流ボイラー

【問40】 法令上、起動時にボイラー水が不足している場合及び運転時にボイラー水が不足した場合に、自動的に燃料の供給を遮断する装置又はこれに代わる安全装置を設けなければならないボイラー（小型ボイラーを除く。）は、次のうちどれか。[★★]

- ☑ 1. 鋳鉄製温水ボイラー
- 2. 自然循環式水管ボイラー
- 3. 炉筒煙管ボイラー
- 4. 強制循環式水管ボイラー
- 5. 貫流ボイラー

問1　正解［3］⇒13P ① 9．蒸気表 参照

飽和水の比エンタルピは、圧力が高くなるほど大きくなる。

問2　正解［4］⇒24P ⑤ 水管ボイラーの特徴 参照

高圧大容量の水管ボイラーには、全吸収熱量のうち、水冷壁管の放射伝熱面で吸収される割合が大きい放射形ボイラーが用いられる。蒸発部の接触伝熱面はわずかで吸収される熱量の割合が小さいため、誤り。

問3　正解［2］⇒30P ⑥ 鋳鉄製ボイラー 参照

重力循環方式の蒸気ボイラーでは、給水管は返り管に取り付ける。給水管をボイラーに直接取り付けると、内部のボイラー水と給水の大きな温度差によって、その部分が不同膨張を起こし、割れが発生しやすくなるため、誤り。

問4　正解［3］⇒37P ⑦ ♨ ステー 参照

管ステーを火炎に触れる部分にねじ込みによって取り付ける場合には、ねじ込み後、ころ広げを作った後、縁曲げをして完了とする。

問5　正解［4］⇒42P ⑧ 2．水面測定装置 参照

平形反射式水面計は、ガラスの前面から見ると水部は光が通って黒色に見え、蒸気部は白色に光って見える。平形透視式水面計は、裏側から電灯の光を通すことにより、水面を見分けるものである。

問6　正解［4］⇒57・58P ⑬ 2．逃がし管／3．逃がし弁 参照

温水ボイラーの逃がし管は、伝熱面積に応じて最大径が定められる規定はない。

問7　正解［4］⇒60P ⑭ 1．エコノマイザ 参照

ボイラーにエコノマイザを設置すると、燃焼ガスの通り道が長くなるため、煙突によって生じる通風力が多少増加する。

問8　正解［3］⇒41P ⑧ 1．圧力計 参照

圧力計と胴又は蒸気ドラムとの間にサイホン管を取り付け、蒸気がブルドン管に直接入らないようにする。オリフィスは、差圧式流量計の中に入れる絞りであるため、誤り。

問9　正解［2］⇒66P ⑯ 1．電磁継電器（電磁リレー）参照

電磁継電器のメーク接点（a接点）は、コイルに電流が流れると閉となり、電流が流れないと開となる。

問10　正解［5］⇒78P ⑳ ♨ 燃焼安全装置 参照

燃焼安全装置は、異常消火の場合に、主バーナへの燃料の供給を直ちに遮断し、修復後は手動による操作をしない限り再起動できない機能を有するものであること。

問11　正解［2］⇒84P ① ♨ 点火前の点検・準備 参照

水位を上下して水位検出器の機能を試験し、設定水位の下限において、給水調節弁が開方向に動作することを確認する。また上限で給水調節弁が閉方向に動作することを確認する。

問 12　正解［4］⇒ 84P ① 🔥 点火前の点検・準備

　　ボイラーをたき始めるとき、水面計とボイラー間の連絡管の弁又はコックは開いているか確認する。

問 13　正解［1］⇒ 49P ⑩ 5．蒸気トラップ 参照
　　　　　　　　　　 93P ④ 1．ボイラー水位の異常 参照

　　蒸気トラップは、蒸気を使用する設備や配管に溜まったドレンを自動的に排出するもので、ボイラー水とは直接関係ない。

問 14　正解［5］⇒ 95P ⑤ 1．キャリオーバ 参照

　　ボイラー水の導電性が低下しているときは、電極式水位検出器が正常に作動しなくなる原因であるため、誤り。

問 15　正解［2］⇒ 112P ⑬ 2．燃焼安全装置 参照

　　高水位は、水位制御装置がボイラー水位が上がったものと認識し作動する原因であり、燃料遮断弁が作動する原因とならないため、誤り。

問 16　正解［3］⇒ 110P ⑫ 3．起動、運転、停止の方法 参照

　　ディフューザポンプの起動は、吸込み弁を全開、吐出し弁を全閉にした状態で行う。

問 17　正解［4］⇒ 106P ⑩ 3．安全弁の調整方法 参照

　　エコノマイザの逃がし弁（安全弁）は、ボイラー本体の安全弁より高い圧力に調整する。

問 18　正解［4］⇒ 100P ⑦ 1．運転終了時の操作手順 参照

　　給水弁及び蒸気弁を閉じた後は、ボイラー内部が負圧にならないように空気抜弁を開いて、空気を送り込む。

問 19　正解［3］⇒ 119P ⑮ 🔥 不純物の種類 参照

　　スケールは、溶解性蒸発残留物が濃縮され、伝熱面などの表面に固体として析出し固着したものである。ドラム底部などに沈積した軟質沈殿物はスラッジであるため、誤り。

問 20　正解［5］⇒ 125P ⑰ 1．清缶剤の分類 参照

　　他にヒドラジンも脱酸素剤である。りん酸ナトリウムと炭酸ナトリウムは軟化剤、塩化ナトリウム（食塩水）は軟化装置の交換能力の再生に使われるものであるため、誤り。

問 21　正解［4］⇒ 129P ① 3．引火点 参照

　　「液体燃料を加熱すると蒸気が発生し、これに小火炎を近づけると瞬間的に光を放って燃え始める。この光を放って燃える最低の温度を引火点という。」

問 22　正解［3］⇒ 133P ③ 1．重油の成分による障害 参照
　　　　　　　　　　 144P ⑧ 1．加熱の目的と加熱温度 参照

　　重油に含まれる水分が多いと、息づき燃焼や熱損失の増加が起こる。炭化物は、重油の加熱温度が低過ぎるときに起こる障害で、誤り。

問 23　正解［2］⇒ 135P ④ 2．天然ガス 参照

　　C：都市ガスは、天然ガスはメタンを主成分としており、空気より軽いため窪みなどの低部に滞留しない。

問 24　正解［4］⇒ 148P ⑩ 2．油ストレーナ 参照

　　油ストレーナは、油中のごみなど固形物を除去するもので、水分は除去できないため、誤り。

問25　正解［4］⇒140P ⑥ 1．燃焼の三要素 参照

　　一定量の燃料を完全燃焼させるときに、着火性が良く燃焼速度が速いと、狭い燃焼室でも良い。

問26　正解［5］⇒152P ⑪ 5．ガンタイプバーナ 参照

　　ガンタイプバーナは、ファンと空気噴霧式バーナを組み合わせたもので、燃焼量の調節範囲が狭い。

問27　正解［4］⇒155P ⑬ 気体燃料の燃焼の特徴 参照

　　ガス火炎は、油火炎に比べて、輝炎からの放射率が低いが、燃焼ガス中の水蒸気成分が多いので接触（対流）伝熱面部のガス高温部の不輝炎からの放射率は大きくなる。このため、ボイラーでは放射伝熱量は減るが、接触（対流）伝熱量が増える。

問28　正解［4］⇒162P ⑯ 3．ばいじん 参照

　　ダストは、灰分が主体である。燃料の燃焼により分解した炭素が遊離炭素として残存したものはすすであるため、誤り。

問29　正解［3］⇒167P ⑲ 1．一次空気と二次空気の役割 参照

　　「油・ガスだき燃焼における一次空気は、燃焼装置にて燃料の周辺に供給され、初期燃焼を安定させる。また、二次空気は、旋回又は交差流によって燃料と空気の混合を良好に保ち、燃焼を完結させる。」

問30　正解［5］⇒169P ⑳ 3．平衡通風 参照

　　平衡通風は、燃焼ガスの外部への漏れ出しはないが、誘引通風より小さい。

問31　正解［4］⇒176P ② 4．ボイラー検査証 参照
　　　　　　　　　177P ② 7．使用検査 参照

　　使用を廃止したボイラーを再び設置する場合、「使用検査 → 設置届 → 落成検査」の順序で手続する。

問32　正解［3］⇒182P ④ 4．ボイラーと可燃物との距離 参照

　　ボイラーの外側から 0.15m 以内にある可燃性の物は、厚さ 100mm 以上の金属以外の不燃性の材料で被覆しなければならない。

問33　正解［4］⇒186P ⑥ 1．法令で定める職務 参照

　　Ａ：１日に１回以上水面測定装置の機能を点検すること。安全弁は機能の保持に努めることと定められているため、誤り。

問34　正解［4］⇒188P ⑦ 1．附属品の管理事項 参照

　　「蒸気ボイラー（小型ボイラーを除く。）の常用水位は、ガラス水面計又はこれに接近した位置に、現在水位と比較することができるように表示しなければならない。」

問35　正解［4］⇒183P ④ 5．ボイラー室の管理等 参照

　　「ボイラー検査証並びにボイラー取扱作業主任者の資格及び氏名をボイラー室その他のボイラー設置場所の見やすい箇所に掲示しなければならない。」

問36　正解［5］⇒176P ② 4．ボイラー検査証 参照
　　　1．ボイラーを設置する事業者に変更があったとき。
　　　　　………　ボイラー検査証書替申請書にボイラー検査証を添えて、所轄労働基準監
　　　　　　　　　督署長に提出し、その書替えを受けなければならない。
　　　2．ボイラーを移設して設置場所を変更したとき。
　　　　　………　所轄労働基準監督署長にボイラー設置届を提出しなければならない。
　　　3．ボイラーの最高使用圧力を変更したとき。
　　　　　………　所轄労働基準監督署長にボイラー変更届を提出しなければならない。
　　　4．ボイラーの伝熱面積を変更したとき。
　　　　　………　所轄労働基準監督署長にボイラー変更届を提出しなければならない。
問37　正解［3］⇒176P ② 3．落成検査 参照
　　　「ボイラーを設置した者は、所轄労働基準監督署長が検査の必要がないと認めたもの
　　　を除き、①ボイラー、②ボイラー室、③ボイラー及びその配管の配置状況、④ボイラ
　　　ーの据付基礎並びに燃焼室及び煙道の構造について、落成検査を受けなければならな
　　　い。」
問38　正解［3］⇒194P ⑨ 3．温水ボイラーの逃がし弁又は安全弁 参照
　　　「水の温度が120℃を超える鋼製温水ボイラー（小型ボイラーを除く。）には、内部
　　　の圧力を最高使用圧力以下に保持することができる安全弁を備えなければならない。」
問39　正解［2］⇒199P ⑫ 2．水道などからの給水 参照
　　　解答通りである。
問40　正解［5］⇒198P ⑪ 8．貫流ボイラーの燃料遮断装置 参照
　　　解答通りである。

2 令和5年4月 公表問題

［出題頻度］ ★★★＝ 80％以上　★★＝ 60％程度　★＝ 40％程度　なし＝ 20％以下

（ボイラーの構造に関する知識）

【問1】 ボイラーの水循環について、誤っているものは次のうちどれか。［★］

☑　1．ボイラー内で、温度が上昇した水及び気泡を含んだ水は上昇し、その後に温度の低い水が下降して、水の循環流ができる。

2．丸ボイラーは、伝熱面の多くがボイラー水中に設けられ、水の対流が困難なので、水循環の系路を構成する必要がある。

3．水管ボイラーでは、特に水循環を良くするため、上昇管と降水管を設けているものが多い。

4．自然循環式水管ボイラーは、高圧になるほど蒸気と水との密度差が小さくなり、循環力が弱くなる。

5．水循環が良いと熱が水に十分に伝わり、伝熱面温度は水温に近い温度に保たれる。

【問2】 ボイラーの伝熱面、燃焼室及び燃焼装置について、誤っているものは次のうちどれか。［★★］

☑　1．燃焼室に直面している伝熱面は接触伝熱面、燃焼室を出たガス通路に配置される伝熱面は対流伝熱面といわれる。

2．燃焼室は、燃料を燃焼させ、熱が発生する部分で、火炉ともいわれる。

3．燃焼装置は、燃料の種類によって異なり、液体燃料、気体燃料及び微粉炭にはバーナが、一般固体燃料には火格子が用いられる。

4．燃焼室は、供給された燃料を速やかに着火・燃焼させ、発生する可燃性ガスと空気との混合接触を良好にして、完全燃焼を行わせる部分である。

5．加圧燃焼方式の燃焼室は、気密構造になっている。

【問3】 丸ボイラーと比較した水管ボイラーの特徴として、誤っているものは次のうちどれか。［★★］

☑　1．構造上、低圧小容量用から高圧大容量用までに適している。

2．伝熱面積を大きくとれるので、一般に熱効率を高くできる。

3．伝熱面積当たりの保有水量が小さいので、起動から所要蒸気発生までの時間が短い。

4．使用蒸気量の変動による圧力変動及び水位変動が大きい。

5．戻り燃焼方式を採用して、燃焼効率を高めているものが多い。

第5章

2

令和5年4月 公表問題

【問4】次の文中の（　）内に入れるA及びBの語句の組合せとして、適切なものは（1）～（5）のうちどれか。[★★]

　「暖房用鋳鉄製蒸気ボイラーでは、一般に復水を循環して使用し、給水管はボイラーに直接接続しないで（A）に取り付け、（B）を防止する。」

	A	B
☑ 1.	逃がし管	給水圧力の異常な昇圧
2.	返り管	給水圧力の異常な昇圧
3.	返り管	低水位事故
4.	受水槽	低水位事故
5.	膨張管	給水圧力の異常な昇圧

【問5】ボイラー各部の構造及び強さについて、誤っているものは次のうちどれか。

[★★★]

☑ 1. 皿形鏡板は、球面殻、環状殻及び円筒殻から成っている。

2. 胴と鏡板の厚さが同じ場合、圧力によって生じる応力について、胴の周継手は長手継手より2倍強い。

3. 皿形鏡板に生じる応力は、すみの丸みの部分において最も大きい。この応力は、すみの丸みの半径が大きいほど大きくなる。

4. 平鏡板の大径のものや高い圧力を受けるものは、内部の圧力によって生じる曲げ応力に対して、強度を確保するためステーによって補強する。

5. 管板には、煙管のころ広げに要する厚さを確保するため、一般に平管板が用いられる。

【問6】ボイラーの水面測定装置について、適切でないものは次のうちどれか。[★★★]

☑ 1. 貫流ボイラーを除く蒸気ボイラーには、原則として、2個以上のガラス水面計を見やすい位置に取り付ける。

2. ガラス水面計は、可視範囲の最下部がボイラーの安全低水面と同じ高さになるように取り付ける。

3. 丸形ガラス水面計は、主として最高使用圧力1MPa以下の丸ボイラーなどに用いられる。

4. 平形反射式水面計は、裏側から電灯の光を通すことにより、水面を見分けるものである。

5. 二色水面計は、光線の屈折率の差を利用したもので、蒸気部は赤色に、水部は緑色（青色）に見える。

【問7】 ボイラーのエコノマイザについて、適切でないものは次のうちどれか。[★★]

☑ 1．エコノマイザは、煙道ガスの余熱を回収して給水の予熱に利用する装置である。

2．エコノマイザ管には、平滑管やひれ付き管が用いられる。

3．エコノマイザを設置すると、ボイラー効率を向上させ、燃料が節約できる。

4．エコノマイザを設置すると、通風抵抗が多少増加する。

5．エコノマイザは、燃料の性状によっては高温腐食を起こす。

【問8】 ボイラーの給水系統装置について、誤っているものは次のうちどれか。[★★]

☑ 1．ディフューザポンプは、羽根車の周辺に案内羽根のある遠心ポンプで、高圧のボイラーには多段ディフューザポンプが用いられる。

2．渦巻ポンプは、羽根車の周辺に案内羽根のない遠心ポンプで、一般に低圧のボイラーに用いられる。

3．渦流ポンプは、円周流ポンプとも呼ばれているもので、小容量の蒸気ボイラーなどに用いられる。

4．給水逆止め弁には、ゲート弁又はグローブ弁が用いられる。

5．給水弁と給水逆止め弁をボイラーに取り付ける場合は、ボイラーに近い側に給水弁を取り付ける。

【問9】 ボイラーの圧力制御機器について、誤っているものは次のうちどれか。[★]

☑ 1．比例式蒸気圧力調節器は、一般に、コントロールモータとの組合せにより、比例動作によって蒸気圧力の調節を行う。

2．比例式蒸気圧力調節器では、比例帯の設定を行う。

3．オンオフ式蒸気圧力調節器（電気式）は、蒸気圧力によって伸縮するベローズがスイッチを開閉し燃焼を制御する装置で、機器本体をボイラー本体に直接取り付ける。

4．蒸気圧力制限器は、ボイラーの蒸気圧力が異常に上昇した場合などに、直ちに燃料の供給を遮断するものである。

5．蒸気圧力制限器には、一般にオンオフ式圧力調節器が用いられている。

【問10】 ボイラーの自動制御について、誤っているものは次のうちどれか。[★★]

☐ 1．シーケンス制御は、あらかじめ定められた順序に従って、制御の各段階を、順次、進めていく制御である。

2．オンオフ動作による蒸気圧力制御は、蒸気圧力の変動によって、燃焼又は燃焼停止のいずれかの状態をとる。

3．ハイ・ロー・オフ動作による蒸気圧力制御は、蒸気圧力の変動によって、高燃焼、低燃焼又は燃焼停止のいずれかの状態をとる。

4．比例動作による制御は、偏差の大きさに比例して操作量を増減するように動作する制御である。

5．微分動作による制御は、偏差が変化する速度に比例して操作量を増減するように動作する制御で、PI動作ともいう。

（ボイラーの取扱いに関する知識）

【問11】 ボイラーのばね安全弁及び逃がし弁の調整及び試験に関するAからDまでの記述で、適切なもののみを全て挙げた組合せは、次のうちどれか。[★★]

A：安全弁の調整ボルトを定められた位置に設定した後、ボイラーの圧力をゆっくり上昇させて安全弁を作動させ、吹出し圧力及び吹止まり圧力を確認する。

B：安全弁が設定圧力になっても作動しない場合は、直ちにボイラーの圧力を設定圧力の80％程度まで下げ、調整ボルトを締めて再度、試験する。

C：安全弁の吹出し圧力が設定圧力よりも低い場合は、一旦、ボイラーの圧力を設定圧力の80％程度まで下げ、調整ボルトを緩めて再度、試験する。

D：最高使用圧力の異なるボイラーが連絡している場合、各ボイラーの安全弁は、最高使用圧力の最も低いボイラーを基準に調整する。

☐ 1．A，B

2．A，B，D

3．A，C，D

4．A，D

5．C，D

【問12】 ボイラーのたき始めに、燃焼量を急激に増加させてはならない理由として、最も適切なものは次のうちどれか。[★]

☐ 1．高温腐食を起こさないため。

2．燃焼装置のベーパロックを起こさないため。

3．スートファイヤを起こさないため。

4．火炎の偏流を起こさないため。

5．ボイラー本体の不同膨張を起こさないため。

【問 13】 ボイラーの運転を停止し、ボイラー水を全部排出する場合の措置として、誤っているものは次のうちどれか。[★]

☑ 1．運転停止のときは、ボイラーの水位を常用水位に保つように給水を続け、蒸気の送り出し量を徐々に減少させる。

2．運転停止のときは、燃料の供給を停止し、十分換気してからファンを止め、自然通風の場合はダンパを半開とし、たき口及び空気口を開いて炉内を冷却する。

3．運転停止後は、ボイラーの蒸気圧力がないことを確かめた後、給水弁及び蒸気弁を閉じる。

4．給水弁及び蒸気弁を閉じた後は、ボイラー内部がわずかに負圧になる程度に空気を送り込んでから、空気抜弁を閉じる。

5．ボイラー水の排出は、運転停止後、ボイラー水の温度が 90℃ 以下になってから、吹出し弁を開いて行う。

【問 14】 次のうち、ボイラー給水の脱酸素剤として使用される薬剤のみの組合せはどれか。[★★★]

☑ 1．ヒドラジン　　　　タンニン

2．りん酸ナトリウム　　　　ヒドラジン

3．塩化ナトリウム　　　　タンニン

4．炭酸ナトリウム　　　　りん酸ナトリウム

5．ヒドラジン　　　　炭酸ナトリウム

【問 15】 ボイラー水の吹出しについて、誤っているものは次のうちどれか。[★★]

☑ 1．炉筒煙管ボイラーの吹出しは、ボイラーを運転する前、運転を停止したとき又は負荷が低いときに行う。

2．鋳鉄製蒸気ボイラーの吹出しは、燃焼をしばらく停止してボイラー水の一部を入れ替えるときに行う。

3．水冷壁の吹出しは、いかなる場合でも運転中に行ってはならない。

4．吹出し弁を操作する者が水面計の水位を直接見ることができない場合は、水面計の監視者と共同で合図しながら吹出しを行う。

5．吹出し弁が直列に 2 個設けられている場合は、急開弁を先に閉じ、次に漸開弁を閉じて吹出しを終了する。

【問16】 ボイラー水位が安全低水面以下に異常低下する原因として、最も適切でないものは次のうちどれか。[★★]

☑ 1．蒸気トラップの機能が不良である。
2．不純物により水面計が閉塞している。
3．吹出し装置の閉止が不完全である。
4．プライミングが急激に発生した。
5．ホーミングが急激に発生した。

【問17】 ボイラーの点火前の点検・準備に関するAからDまでの記述で、正しいもののみを全て挙げた組合せは、次のうちどれか。[★★★]

A：水面計によってボイラー水位が高いことを確認したときは、吹出しを行って常用水位に調整する。
B：水位を上下して水位検出器の機能を試験し、設定された水位の上限において、正確に給水ポンプが起動することを確認する。
C：験水コックがある場合には、水部にあるコックから水が出ないことを確認する。
D：煙道の各ダンパを全開にして、プレパージを行う。

☑ 1．A，B，D
2．A，C
3．A，C，D
4．A，D
5．B，D

【問18】 ボイラーのスートブローについて、誤っているものは次のうちどれか。[★★]

☑ 1．スートブローは、主としてボイラーの水管外面などに付着するすすの除去を目的として行う。
2．スートブローは、燃焼量の低い状態で行うと、火を消すおそれがある。
3．スートブローは、圧力及び温度が低く、多少のドレンを含む蒸気を使用する方がボイラーへの損傷が少ない。
4．スートブロー中は、ドレン弁を少し開けておくのが良い。
5．スートブローの回数は、燃料の種類、負荷の程度、蒸気温度などに応じて決める。

【問 19】 単純軟化法によるボイラー補給水の軟化装置について、誤っているものは次のうちどれか。[★★]

☑ 1．軟化装置は、強酸性陽イオン交換樹脂を充填した Na 塔に補給水を通過させるものである。

2．軟化装置は、水中のカルシウムやマグネシウムを除去することができる。

3．軟化装置による処理水の残留硬度は、貫流点を超えると著しく減少する。

4．軟化装置の強酸性陽イオン交換樹脂の交換能力が低下した場合は、一般に食塩水で再生を行う。

5．軟化装置の強酸性陽イオン交換樹脂は、1 年に 1 回程度、鉄分による汚染などを調査し、樹脂の洗浄及び補充を行う。

【問 20】 ボイラーのガラス水面計の機能試験を行う時期として、必要性の低い時期は次のうちどれか。[★★]

☑ 1．ホーミングが生じたとき。

2．水位が絶えず上下にかすかに動いているとき。

3．ガラス管の取替えなどの補修を行ったとき。

4．取扱い担当者が交替し、次の者が引き継いだとき。

5．プライミングが生じたとき。

（燃料及び燃焼に関する知識）

【問 21】 次の文中の（　）内に入れるAからCまでの語句の組合せとして、正しいものは（1）〜（5）のうちどれか。[★★★]

「燃料の工業分析では、（A）を気乾試料として、水分、灰分及び（B）を測定し、残りを（C）として質量（%）で表す。」

	A	B	C
☑ 1．	気体燃料	水素分	酸素分
2．	気体燃料	揮発分	炭素分
3．	固体燃料	揮発分	固定炭素
4．	固体燃料	固定炭素	揮発分
5．	液体燃料	硫黄	酸素

【問 22】 次の文中の（　）内に入れるA及びBの語句の組合せとして、適切なものは（1）～（5）のうちどれか。[★★★]

「液体燃料を加熱すると（A）が発生し、これに小火炎を近づけると瞬間的に光を放って燃え始める。この光を放って燃える最低の温度を（B）という。」

	A	B
☑ 1.	酸素	引火点
2.	酸素	発火温度
3.	蒸気	発火温度
4.	蒸気	引火点
5.	水素	着火温度

【問 23】 重油の性質に関するAからDまでの記述で、正しいもののみを全て挙げた組合せは、次のうちどれか。[★★★]

A：重油の密度は、温度が上昇すると増加する。

B：流動点は、重油を冷却したときに流動状態を保つことのできる最低温度で、一般に温度は凝固点より 2.5℃高い。

C：凝固点とは、油が低温になって凝固するときの最高温度をいう。

D：密度の小さい重油は、密度の大きい重油より単位質量当たりの発熱量が大きい。

☑ 1.　A，B，C

2.　A，D

3.　B，C

4.　B，C，D

5.　C，D

【問 24】 油だきボイラーにおける重油の加熱に関するAからDまでの記述で、適切なもののみを全て挙げた組合せは、次のうちどれか。[★★]

A：軽油やA重油は、一般に加熱を必要としない。

B：加熱温度が低すぎると、振動燃焼となる。

C：加熱温度が高すぎると、すすが発生する。

D：加熱温度が高すぎると、バーナ管内で油が気化し、ベーパロックを起こす。

☑ 1.　A

2.　A，B，D

3.　A，C，D

4.　A，D

5.　B，C

【問25】 ボイラーの油バーナについて、誤っているものは次のうちどれか。[★★★]

☑ 1. 圧力噴霧式バーナは、油に高圧力を加え、これをノズルチップから炉内に噴出させて微粒化するものである。

2. プランジャ式圧力噴霧バーナは、単純な圧力噴霧式バーナに比べ、ターンダウン比が狭い。

3. 高圧蒸気噴霧式バーナは、比較的高圧の蒸気を霧化媒体として油を微粒化するもので、ターンダウン比が広い。

4. 回転式バーナは、回転軸に取り付けられたカップの内面で油膜を形成し、遠心力により油を微粒化するものである。

5. ガンタイプバーナは、ファンと圧力噴霧式バーナを組み合わせたもので、燃焼量の調節範囲が狭い。

【問26】 ボイラー用固体燃料と比べた場合のボイラー用気体燃料の特徴として、誤っているものは次のうちどれか。[★★]

☑ 1. 成分中の炭素に対する水素の比率が低い。

2. 発生する熱量が同じ場合、CO_2 の発生量が少ない。

3. 燃料中の硫黄分や灰分が少なく、公害防止上有利で、また、伝熱面や火炉壁を汚染することがほとんどない。

4. 燃料費は割高である。

5. 漏えいすると、可燃性混合気を作りやすく、爆発の危険性が高い。

【問27】 重油燃焼によるボイラー及び附属設備の低温腐食の抑制方法として、誤っているものは次のうちどれか。[★★]

☑ 1. 硫黄分の少ない重油を選択する。

2. 燃焼ガス中の酸素濃度を上げる。

3. 給水温度を上昇させて、エコノマイザの伝熱面の温度を高く保つ。

4. 蒸気式空気予熱器を用いて、ガス式空気予熱器の伝熱面の温度が低くなり過ぎないようにする。

5. 重油に添加剤を加え、燃焼ガスの露点を下げる。

【問 28】 ボイラー用ガスバーナについて、誤っているものは次のうちどれか。[★]

☑ 1. ボイラー用ガスバーナは、ほとんどが拡散燃焼方式を採用している。

2. 拡散燃焼方式ガスバーナは、空気の流速・旋回強さ、ガスの分散・噴射方法、保炎器の形状などにより、火炎の形状やガスと空気の混合速度を調節する。

3. センタータイプガスバーナは、空気流中に数本のガスノズルを有し、ガスノズルを分割することによりガスと空気の混合を促進する。

4. リングタイプガスバーナは、リング状の管の内側に多数のガス噴射孔を有し、ガスを空気流の外側から内側に向けて噴射する。

5. ガンタイプガスバーナは、バーナ、ファン、点火装置、燃焼安全装置、負荷制御装置などを一体化したもので、中・小容量のボイラーに用いられる。

【問 29】 ボイラーの通風に関するAからDまでの記述で、適切なもののみを全て挙げた組合せは、次のうちどれか。[★★★]

A：誘引通風は、燃焼ガス中に、すす、ダスト及び腐食性物質を含むことが多く、ファンの腐食や摩耗が起こりやすい。

B：押込通風は、一般に、常温の空気を取り扱い、所要動力が小さいので、油だきボイラーなどに広く用いられている。

C：誘引通風は、比較的高温で体積の大きな燃焼ガスを取り扱うので、炉内の気密が不十分であると燃焼ガスが外部へ漏れる。

D：平衡通風は、燃焼調節が容易で、通風抵抗の大きなボイラーでも強い通風力が得られる。

☑ 1. A

2. A，B，D

3. A，C

4. B，C，D

5. B，D

【問 30】 ボイラーの熱損失に関し、次のうち誤っているものはどれか。[★★]

☑ 1. 排ガス熱によるものがある。

2. 不完全燃焼ガスによるものがある。

3. ボイラー周壁からの放散熱によるものがある。

4. ドレンや吹出しによるものは含まれない。

5. 熱伝導率が小さく、かつ、一般に密度の小さい保温材を用いることにより熱損失を小さくできる。

（関係法令）

【問31】 ボイラー（移動式ボイラー、屋外式ボイラー及び小型ボイラーを除く。）を設置するボイラー室について、法令上、誤っているものは次のうちどれか。

[★★★]

☑ 1. 伝熱面積が3m²を超える蒸気ボイラーは、ボイラー室に設置しなければならない。

2. ボイラーの最上部から天井、配管その他のボイラーの上部にある構造物までの距離は、原則として、1.2m以上としなければならない。

3. ボイラー室には、必要がある場合のほか、引火しやすいものを持ち込ませてはならない。

4. ボイラーを取り扱う労働者が緊急の場合に避難するために支障がないボイラー室を除き、ボイラー室には、2以上の出入口を設けなければならない。

5. ボイラー室に燃料の重油を貯蔵するときは、原則として、これをボイラーの外側から1.2m以上離しておかなければならない。

【問32】 ボイラー（小型ボイラーを除く。）の定期自主検査における項目と点検事項との組合せとして、法令に定められていないものは次のうちどれか。[★★★]

項目	点検事項
☑ 1. 圧力調節装置	機能の異常の有無
2. ストレーナ	つまり又は損傷の有無
3. 油加熱器及び燃料送給装置	保温の状態及び損傷の有無
4. バーナ	汚れ又は損傷の有無
5. 煙道	漏れその他の損傷の有無及び通風圧の異常の有無

【問33】 法令上、ボイラーの伝熱面積に算入しない部分は、次のうちどれか。[★★★]

☑ 1. 節炭器管
2. 煙管
3. 水管
4. 炉筒
5. 管寄せ

【問34】 鋳鉄製ボイラー（小型ボイラーを除く。）の附属品について、次の文中の（　）内に入れるAからCまでの語句の組合せとして、法令に定められているものは（1）〜（5）のうちどれか。［★★］

「（A）ボイラーには、ボイラーの（B）付近における（A）の（C）を表示する（C）計を取り付けなければならない。」

	A	B	C
☑ 1.	蒸気	入口	温度
2.	蒸気	出口	流量
3.	温水	出口	流量
4.	温水	入口	温度
5.	温水	出口	温度

【問35】 ボイラー（移動式ボイラー及び小型ボイラーを除く。）に関する次の文中の（　）内に入れるAからCまでの語句の組合せとして、法令上、適切なものは（1）〜（5）のうちどれか。［★★★］

なお、ボイラーはボイラー室に設置する必要のあるものとする。

「ボイラーを設置した者は、所轄労働基準監督署長が検査の必要がないと認めたものを除き、①ボイラー、②ボイラー室、③ボイラー及びその（A）の配置状況、④ボイラーの（B）並びに燃焼室及び煙道の構造について、（C）検査を受けなければならない。」

	A	B	C
☑ 1.	自動制御装置	通風装置	落成
2.	自動制御装置	据付基礎	使用
3.	配管	据付基礎	落成
4.	配管	附属設備	落成
5.	配管	据付基礎	使用

【問36】 ボイラー（小型ボイラーを除く。）の附属品の管理のため行わなければならない事項として、法令に定められていないものは次のうちどれか。［★★★］

☑ 1. 圧力計の目もりには、ボイラーの最高使用圧力を示す位置に、見やすい表示をすること。

2. 蒸気ボイラーの最高水位は、ガラス水面計又はこれに接近した位置に、現在水位と比較することができるように表示すること。

3. 圧力計は、使用中その機能を害するような振動を受けることがないようにし、かつ、その内部が凍結し、又は80℃以上の温度にならない措置を講ずること。

4. 燃焼ガスに触れる給水管、吹出管及び水面測定装置の連絡管は、耐熱材料で防護すること。

5. 温水ボイラーの返り管については、凍結しないように保温その他の措置を講ずること。

【問37】 ボイラーの取扱いの作業について、法令上、ボイラー取扱作業主任者として二級ボイラー技士を選任できるボイラーは、次のうちどれか。[★★]

　　　　ただし、他にボイラーはないものとする。

☑　1．最大電力設備容量が 450kW の電気ボイラー
　　2．伝熱面積が 30m^2 の鋳鉄製蒸気ボイラー
　　3．伝熱面積が 40m^2 の炉筒煙管ボイラー
　　4．伝熱面積が 30m^2 の煙管ボイラー
　　5．伝熱面積が 30m^2 の鋳鉄製温水ボイラー

【問38】 ボイラー（小型ボイラーを除く。）の次の部分又は設備を変更しようとするとき、法令上、ボイラー変更届を所轄労働基準監督署長に提出する必要のないものはどれか。[★★★]

　　　　ただし、計画届の免除認定を受けていない場合とする。

☑　1．給水ポンプ
　　2．節炭器
　　3．過熱器
　　4．燃焼装置
　　5．据付基礎

【問39】 鋼製ボイラー（小型ボイラーを除く。）の安全弁について、法令に定められていない内容のものは次のうちどれか。[★★★]

☑　1．伝熱面積が 50m^2 を超える蒸気ボイラーには、安全弁を 2 個以上備えなければならない。
　　2．貫流ボイラー以外の蒸気ボイラーの安全弁は、ボイラー本体の容易に検査できる位置に直接取り付け、かつ、弁軸を鉛直にしなければならない。
　　3．貫流ボイラーに備える安全弁については、ボイラー本体の安全弁より先に吹き出すように調整するため、当該ボイラーの最大蒸発量以上の吹出し量のものを、過熱器の入口付近に取り付けることができる。
　　4．過熱器には、過熱器の出口付近に過熱器の温度を設計温度以下に保持することができる安全弁を備えなければならない。
　　5．水の温度が 120℃ を超える温水ボイラーには、安全弁を備えなければならない。

【問40】 法令上、起動時にボイラー水が不足している場合及び運転時にボイラー水が不足した場合に、自動的に燃料の供給を遮断する装置又はこれに代わる安全装置を設けなければならないボイラー（小型ボイラーを除く。）は、次のうちどれか。[★★]

☑ 1．鋳鉄製蒸気ボイラー
　　 2．炉筒煙管ボイラー
　　 3．自然循環式水管ボイラー
　　 4．貫流ボイラー
　　 5．強制循環式水管ボイラー

問1　正解[2] ⇒16P ② 🔥 ボイラーにおける蒸気の発生と水循環 参照

　丸ボイラーは、伝熱面の多くがボイラー水中に設けられているため、水の対流が容易である。このため、特別な水循環の経路を必要としない。

問2　正解[1] ⇒18P ③ 3．ボイラー本体 参照

　燃焼室に直面している伝熱面は放射伝熱面、燃焼室を出たガス通路に配置される伝熱面は対流伝熱面（もしくは接触伝熱面）といわれる。

問3　正解[5] ⇒25P ⑤ 2．水管ボイラーの特徴 参照

　「戻り燃焼方式を採用して、燃焼効率を高めているものが多い。」は水管ボイラーと比較した丸ボイラー（炉筒煙管ボイラー）の特徴であるため、誤り。

問4　正解[3] ⇒32P ⑥ 5．暖房用蒸気ボイラー 参照

　「暖房用鋳鉄製蒸気ボイラーでは、一般に復水を循環して使用し、給水管はボイラーに直接接続しないで返り管に取り付け、低水位事故を防止する。」

問5　正解[3] ⇒35P ⑦ ボイラー各部の構造と強さ 参照

　皿形鏡板に生じる応力は、すみの丸み（環状殻）の部分において最も大きい。この応力は、すみの丸みの半径が大きいほど小さくなる。すみの丸みの半径が大きくなるほど（全半球形鏡板に近付くほど）すみの丸みに生じる応力が分散するため、すみの丸みにかかる応力が小さくなる。

問6　正解[4] ⇒42P ⑧ 2．水面測定装置 参照

　平形透視式水面計は、裏側から電灯の光を通すことにより、水面を見分けるものである。平形反射式水面計は、前面から見ると水部は光線が通って黒色に見え、蒸気部は反射されて白色に光って見えるもののため、誤り。

問7　正解[5] ⇒60P ⑭ 1．エコノマイザ 参照

　エコノマイザは、燃料の性状によっては低温腐食を起こす。

問8　正解[4] ⇒53P ⑪ 2．給水弁と給水逆止め弁 参照

　給水逆止め弁には、スイング式又はリフト式の逆止弁が用いられる。ゲート弁（仕切弁）やグローブ弁（玉形弁）は主蒸気弁や給水弁に用いられるものであるため、誤り。

問9　正解[3] ⇒69P ⑰ 1．オンオフ式蒸気圧力調節器 参照

　オンオフ式蒸気圧力調節器（電気式）は、蒸気圧力によって伸縮するベローズがスイッチを開閉し燃焼を制御する装置で、機器本体をサイホン管を介してボイラーに取り付ける。

問10　正解[5] ⇒64P ⑯ 🔥 フィードバック制御 参照

　微分動作による制御は、偏差が変化する速度に比例して操作量を増減するように動作する制御で、D動作ともいう。PI動作は、比例＋積分動作による制御であるため、誤り。

問11　正解［4］⇒106P ⑩ 3．安全弁の調整方法 参照

　　B：安全弁が設定圧力になっても作動しない場合は、直ちにボイラーの圧力を設定圧力の80％程度まで下げ、調整ボルトを緩めて再度、試験する。

　　C：安全弁の吹出し圧力が設定圧力よりも低い場合は、一旦、ボイラーの圧力を設定圧力の80％程度まで下げ、調整ボルトを締めて再度、試験する。

問12　正解［5］⇒88P ② 1．たき始めの圧力上昇 参照
　　　　　　　　　　97P ⑥ 運転操作（その他の異常対策）参照

　　解答通りである。1～4の解答は燃焼中に引き起こされる障害であるため、誤り。

問13　正解［4］⇒100P ⑦ 運転操作（運転終了時）参照

　　給水弁及び蒸気弁を閉じた後は、ボイラー内部が負圧にならないよう空気抜弁を開いて空気を送り込んでから、ドレン弁を閉じる。

問14　正解［1］⇒125P ⑰ 1．清缶剤の分類 参照

　　ボイラー給水の脱酸素剤として使用される薬剤はヒドラジン、タンニンのほか亜硫酸ナトリウムなどがある。りん酸ナトリウム、炭酸ナトリウムは軟化剤、塩化ナトリウムは軟水装置にて給水の硬度成分の除去に使用されるため、誤り。

問15　正解［5］⇒109P ⑪ 2．2個の吹出し弁の操作方法 参照

　　吹出し弁が直列に2個設けられている場合は、漸開弁を先に閉じ、次に急開弁を閉じて吹出しを終了する。

問16　正解［1］⇒93P ④ 1．ボイラー水位の異常 参照

　　蒸気トラップの機能が不良である場合、機器内に溜まる凝縮水が排出できずウォーターハンマーが引き起こされる原因であるため、誤り。

問17　正解［4］⇒84P ① 🔥 点火前の点検・準備 参照

　　B：水位を上下して水位検出器の機能を試験し、設定された水位の下限において、正確に給水ポンプが起動することを確認する。

　　C：験水コックがある場合には、水部にあるコックから水が噴き出すことを確認する。

問18　正解［3］⇒91P ③ 3．伝熱面のすす掃除 参照

　　スートブローは、ドレンを十分に抜き乾き度の高い蒸気を使用する方がボイラーへの損傷が少ない。

問19　正解［3］⇒123P ⑯ 水管理 参照

　　軟化装置による処理水の残留硬度は、貫流点を超えると著しく増加する。

問20　正解［2］⇒102P ⑧ 2．機能試験をする時期 参照
　　　　　　　　　　90P ③ 1．水位の維持 参照

　　運転中のボイラーでは、水位は絶えず上下にかすかに動いているのが普通である。

問21　正解［3］⇒128P ① 1．燃料の分析 参照

　　「燃料の工業分析では、固体燃料を気乾試料として、水分、灰分及び揮発分を測定し、残りを固定炭素として質量（％）で表す。」

問22　正解［4］⇒129P 1 3．引火点 参照

　「液体燃料を加熱すると蒸気が発生し、これに小火炎を近づけると瞬間的に光を放って燃え始める。この光を放って燃える最低の温度を引火点という。」

問23　正解［4］⇒131P 2 2．重油の性質 参照

　Ａ：重油の密度は、温度が上昇すると減少する。

問24　正解［4］⇒144P 8 1．加熱の目的と加熱温度 参照

　Ｂ：加熱温度が高すぎると、振動燃焼となる。振動燃焼とは、燃焼室、燃料や空気供給系の装置による圧力と燃焼が共鳴し発生する現象である。

　Ｃ：加熱温度が低すぎると、すすが発生する。すすは、燃料から遊離した炭素が完全燃焼できなかった場合に発生する。

問25　正解［2］⇒150P 11 1．圧力噴霧式バーナ 参照

　プランジャ式圧力噴霧バーナは、単純な圧力噴霧式バーナに比べ、ターンダウン比が広い。

問26　正解［1］⇒135P 4 1．気体燃料の特徴 参照

　ボイラー用気体燃料はボイラー用固体燃料と比べ、成分中の炭素に対する水素の比率が高い。

問27　正解［2］⇒146P 9 1．低温腐食の抑制措置 参照

　附属設備の低温腐食の抑制方法として、燃焼ガス中の酸素濃度を下げる。酸素濃度を下ることで二酸化硫黄から三酸化硫黄への転換を抑制し、燃焼ガスの露点を下げる。

問28　正解［3］⇒156P 14 1．ガスバーナの種類 参照

　センタータイプガスバーナは、空気流の中心にガスノズルがあり、先端からガスを放射状に噴射する。空気流中に数本のガスノズルを有し、ガスノズルを分割することによりガスと空気の混合を促進するガスバーナーは、マルチスパッドバーナである。

問29　正解［2］⇒169P 20 2．誘引通風 参照

　Ｃ：誘引通風は、比較的高温で体積の大きな燃焼ガスを取り扱うが燃焼ガスの外部への漏れがない。炉内の気密が不十分であると燃焼ガスが外部へ漏れるのは押込通風の特徴である。

問30　正解［4］⇒141P 6 4．熱損失 参照

　ボイラーの熱損失に、ドレンや吹出しによるものも含まれる。

問31　正解［5］⇒182P 4 4．ボイラーと可燃物との距離 参照

　ボイラー室に燃料の重油を貯蔵するときは、原則として、これをボイラーの外側から2ｍ以上離しておかなければならない。ボイラーの外側から1.2ｍ以上離しておかなければならないのは固定燃料である。

問32　正解［3］⇒190P 8 1．定期自主点検 参照

　ボイラー（小型ボイラーを除く。）の定期自主検査において油加熱器及び燃料送給装置は、損傷の有無ついて自主検査を行わなければならない。

問33　正解［1］⇒ 174P ⑴ 1．伝熱面積 参照

　　節炭器管（エコノマイザ）は、ボイラーの伝熱面積に算入しない部分である。

問34　正解［5］⇒ 195P ⑽ 2．温度計 参照

　　「温水ボイラーには、ボイラーの出口付近における温水の温度を表示する温度計を取り付けなければならない。」

問35　正解［3］⇒ 176P ⑵ 3．落成検査 参照

　　「ボイラーを設置した者は、所轄労働基準監督署長が検査の必要がないと認めたものを除き、①ボイラー、②ボイラー室、③ボイラー及びその配管の配置状況、④ボイラーの据付基礎並びに燃焼室及び煙道の構造について、落成検査を受けなければならない。」

問36　正解［2］⇒ 188P ⑺ 1．附属品の管理事項 参照

　　蒸気ボイラーの常用水位は、ガラス水面計又はこれに接近した位置に、現在水位と比較することができるように表示すること。

問37　正解［1］⇒ 184P ⑸ 2．選任できるボイラーの区分 参照

　　伝熱面積の合計が $25m^2$ 未満のボイラーは二級ボイラー技士をボイラー取扱作業主任者として選任することができる。1：電気ボイラーは電力設備容量 20kW を $1m^2$ とみなす。そのため最大電力設備容量が 450kW の電気ボイラーは、「450kW ÷ 20kW ＝ $22.5m^2$」となるため、二級ボイラー技士を選任できる。2 ～ 5：$25m^2$ を超えているため、二級ボイラー技士を選任することができない。

問38　正解［1］⇒ 180P ⑶ 1．変更届 参照

　　給水ポンプ（給水装置）は、ボイラー変更届を所轄労働基準監督署長に提出する必要のないものである。

問39　正解［3］⇒ 193P ⑼ 2．過熱器の安全弁 参照

　　貫流ボイラーに備える安全弁については、ボイラー本体の安全弁より先に吹き出すように調整するため、当該ボイラーの最大蒸発量以上の吹出し量のものを、過熱器の出口付近に取り付けることができる。

問40　正解［4］⇒ 198P ⑾ 8．貫流ボイラーの燃料遮断装置 参照

　　貫流ボイラーは、起動時にボイラー水が不足している場合及び運転時にボイラー水が不足した場合に、自動的に燃料の供給を遮断する装置又はこれに代わる安全装置を設けなければならない。

[出題頻度] ★★★＝80％以上　★★＝60％程度　★＝40％程度　なし＝20％以下

（ボイラーの構造に関する知識）

【問1】 熱及び蒸気について、誤っているものは次のうちどれか。[★★]

☑　1．水、蒸気などの1kg当たりの全熱量を比エンタルピという。
　　2．水の温度は、沸騰を開始してから全部の水が蒸気になるまで一定である。
　　3．飽和水の比エンタルピは、圧力が高くなるほど大きくなる。
　　4．飽和蒸気の比体積は、圧力が高くなるほど大きくなる。
　　5．飽和水の潜熱は、圧力が高くなるほど小さくなり、臨界圧力に達するとゼロになる。

【問2】 水管ボイラー（貫流ボイラーを除く。）と比較した丸ボイラーの特徴として、誤っているものは次のうちどれか。[★]

☑　1．蒸気使用量の変動による圧力変動が小さい。
　　2．高圧のもの及び大容量のものに適さない。
　　3．構造が簡単で、設備費が安く、取扱いが容易である。
　　4．伝熱面積当たりの保有水量が少なく、破裂の際の被害が小さい。
　　5．伝熱面の多くは、ボイラー水中に設けられているので、水の対流が容易であり、ボイラーの水循環系統を構成する必要がない。

【問3】 超臨界圧力ボイラーに一般的に採用される構造のボイラーは次のうちどれか。

[★★]

☑　1．貫流ボイラー
　　2．熱媒ボイラー
　　3．二胴形水管ボイラー
　　4．強制循環式水管ボイラー
　　5．流動層燃焼ボイラー

【問4】 温水ボイラーの逃がし管及び逃がし弁について、誤っているものは次のうちどれか。[★]

☑　1．逃がし管は、ボイラーと高所に設けた開放型膨張タンクとを接続する管である。
　　2．逃がし管は、ボイラーが高圧になるのを防ぐ安全装置である。
　　3．逃がし管には、ボイラーに近い側に弁又はコックを取り付ける。
　　4．逃がし管は、伝熱面積に応じて最小径が定められている。
　　5．逃がし弁は、水の膨張により圧力が設定した圧力を超えると、弁体を押し上げ、水を逃がすものである。

【問5】 油だきボイラーの自動制御用機器とその構成（関連）部分との組合せとして、適切でないものは次のうちどれか。[★]

	機器	構成（関連）部分

☑ 1．主安全制御器 ……………… 安全スイッチ

2．燃料油用遮断弁 ……………… プランジャ

3．点火装置 ……………………… サーモスタット

4．蒸気圧力調節器 ……………… ベローズ

5．燃料調節弁 …………………… コントロールモータ

【問6】 ボイラーの送気系統装置について、誤っているものは次のうちどれか。[★]

☑ 1．主蒸気弁に用いられる仕切弁は、蒸気の流れが弁体内でY字形になるため抵抗が小さい。

2．主蒸気弁に用いられる玉形弁は、蒸気の流れが弁体内部でS字形になるため抵抗が大きい。

3．減圧弁は、発生蒸気の圧力と使用箇所での蒸気圧力の差が大きいとき、又は使用箇所での蒸気圧力を一定に保つときに設ける。

4．蒸気トラップは、蒸気の使用設備内にたまったドレンを自動的に排出する装置である。

5．長い主蒸気管の配置に当たっては、温度の変化による伸縮に対応するため、湾曲形、ベローズ形、すべり形などの伸縮継手を設ける。

【問7】 ボイラーに用いられるステーについて、適切でないものは次のうちどれか。

[★★★]

☑ 1．平鏡板は、圧力に対して強度が弱く変形しやすいので、大径のものや高い圧力を受けるものはステーによって補強する。

2．棒ステーは、棒状のステーで、胴の長手方向（両鏡板の間）に設けたものを長手ステー、斜め方向（鏡板と胴板の間）に設けたものを斜めステーという。

3．管ステーを火炎に触れる部分にねじ込みによって取り付ける場合には、焼損を防ぐため、管ステーの端部を板の外側へ 10mm 程度突き出す。

4．管ステーは、煙管よりも肉厚の鋼管を管板に溶接又はねじ込みによって取り付ける。

5．ガセットステーは、平板によって鏡板を胴で支えるもので、溶接によって取り付ける。

【問8】 ボイラーに使用するブルドン管圧力計に関するAからDまでの記述で、誤っているもののみを全て挙げた組合せは、次のうちどれか。[★★★]

　　A：圧力計は、原則として、胴又は蒸気ドラムの一番高い位置に取り付ける。

　　B：耐熱用のブルドン管圧力計は、周囲の温度が高いところでも使用できるので、ブルドン管に高温の蒸気や水が入っても差し支えない。

　　C：圧力計は、ブルドン管とダイヤフラムを組み合わせたもので、ブルドン管が圧力によって伸縮することを利用している。

　　D：圧力計のコックは、ハンドルが管軸と直角方向になったときに閉じるように取り付ける。

☑　1．A，B，D
　　2．A，C
　　3．A，D
　　4．B，C
　　5．B，C，D

【問9】 ボイラーの容量及び効率に関するAからDまでの記述で、誤っているもののみを全て挙げた組合せは、次のうちどれか。[★★]

　　A：蒸気の発生に要する熱量は、蒸気圧力及び蒸気温度にかかわらず一定である。

　　B：換算蒸発量は、実際に給水から所要蒸気を発生させるために要した熱量を、2257kJ/kgで除したものである。

　　C：ボイラー効率は、実際蒸発量を全供給熱量で除したものである。

　　D：ボイラー効率を算定するとき、燃料の発熱量は、一般に低発熱量を用いる。

☑　1．A，B，D
　　2．A，C
　　3．A，D
　　4．B，C，D
　　5．B，D

【問10】 ボイラーの水位検出器について、誤っているものは次のうちどれか。[★]

☑　1．水位検出器は、原則として、2個以上取り付け、それぞれの水位検出方式は異なるものが良い。

　　2．水位検出器の水側連絡管及び蒸気側連絡管には、原則として、バルブ又はコックを直列に2個以上設ける。

　　3．水位検出器の水側連絡管に設けるバルブ又はコックは、直流形の構造のものが良い。

　　4．水位検出器の水側連絡管は、呼び径20A以上の管を使用する。

　　5．水位検出器の水側連絡管、蒸気側連絡管並びに排水管に設けるバルブ及びコックは、開閉状態が外部から明確に識別できるものとする。

【問11】 ガスだきボイラーの手動操作による点火などについて、適切でないものは次のうちどれか。[★★★]

☑ 1. ガス圧力が加わっている継手、コック及び弁は、ガス漏れ検出器の使用又は検出液の塗布によりガス漏れの有無を点検する。

2. 通風装置により、炉内及び煙道を十分な空気量でプレパージする。

3. バーナが2基以上ある場合の点火は、初めに1基のバーナに点火し、その後、直ちに他のバーナにも点火して燃焼を速やかに安定させる。

4. 燃料弁を開いてから点火制限時間内に着火しないときは、直ちに燃料弁を閉じ、炉内を換気する。

5. 着火後、燃焼が不安定なときは、直ちに燃料の供給を止める。

【問12】 ボイラーの水位検出器の点検及び整備に関するAからDまでの記述で、適切なもののみを全て挙げた組合せは、次のうちどれか。[★★]

A：電極式では、1日に1回以上、水の純度の低下による電気伝導率の上昇を防ぐため、検出筒内のブローを行う。

B：電極式では、1日に1回以上、ボイラー水の水位を上下させ、水位検出器の機能を確認する。

C：フロート式では、1年に2回程度、フロート室を分解し、フロート室内のスラッジやスケールを除去するとともに、フロートの破れ、シャフトの曲がりなどがあれば補修する。

D：フロート式のマイクロスイッチ端子間の電気抵抗をテスターでチェックする場合、抵抗がスイッチが開のときは無限大で、閉のときは導通があることを確認する。

☑ 1. A，B

2. A，B，C

3. B，C

4. B，C，D

5. C，D

【問13】 ボイラーのばね安全弁に蒸気漏れが生じた場合の原因に関するAからDまでの記述で、正しいもののみを全て挙げた組合せは、次のうちどれか。[★★]

A：弁体円筒部と弁体ガイド部の隙間が少なく、熱膨張などにより弁体円筒部が密着している。

B：弁棒に曲がりがあり、弁棒貫通部に弁棒が接触している。

C：弁体と弁座の中心がずれて、当たり面の接触圧力が不均一になっている。

D：弁体と弁座のすり合わせの状態が悪い。

☑ 1．A，B
　 2．A，C，D
　 3．A，D
　 4．B，C，D
　 5．C，D

【問14】 ボイラーをたき始めるときの、各種の弁又はコックとその開閉の組合せとして、誤っているものは次のうちどれか。[★★★]

☑ 1．主蒸気弁 ……………………………………………… 閉
　 2．水面計とボイラー間の連絡管の弁又はコック ………… 開
　 3．胴の空気抜弁 ………………………………………… 閉
　 4．吹出し弁又は吹出しコック …………………………… 閉
　 5．給水管路の弁 ………………………………………… 開

【問15】 ボイラーの給水中の溶存気体の除去について、誤っているものは次のうちどれか。[★★]

☑ 1．脱気は、給水中に溶存している O_2 などを除去するものである。
　 2．脱気法には、化学的脱気法と物理的脱気法がある。
　 3．加熱脱気法は、水を加熱し、溶存気体の溶解度を下げることにより、溶存気体を除去する方法である。
　 4．真空脱気法は、水を真空雰囲気にさらすことによって、溶存気体を除去する方法である。
　 5．膜脱気法は、高分子気体透過膜の片側に水を供給し、反対側を加圧して溶存気体を除去する方法である。

【問 16】ボイラー水の間欠吹出しについて、誤っているものは次のうちどれか。[★★]

☑ 1. 炉筒煙管ボイラーの吹出しは、ボイラーを運転する前、運転を停止したとき又は負荷が低いときに行う。

2. 鋳鉄製蒸気ボイラーの吹出しは、燃焼をしばらく停止して、ボイラー水の一部を入れ替えるときに行う。

3. 水冷壁の吹出しは、いかなる場合でも運転中に行ってはならない。

4. 直列に設けられている2個の吹出し弁を閉じるときは、急開弁を先に閉じ、次に漸開弁を閉じる。

5. 1人で2基以上のボイラーの吹出しを同時に行ってはならない。

【問 17】ボイラー水中の不純物について、誤っているものは次のうちどれか。[★★]

☑ 1. スラッジは、溶解性蒸発残留物が濃縮されて析出し、管壁などの伝熱面に固着したものである。

2. 懸濁物には、りん酸カルシウムなどの不溶物質、エマルジョン化された鉱物油などがある。

3. 溶存している O_2 は、鋼材の腐食の原因となる。

4. 溶存している CO_2 は、鋼材の腐食の原因となる。

5. スケールの熱伝導率は、炭素鋼の熱伝導率より著しく低い。

【問 18】ボイラーの水管理について、誤っているものは次のうちどれか。[★★]

☑ 1. 水溶液が酸性かアルカリ性かは、水中の水素イオンと水酸化物イオンの量により定まる。

2. 常温（25℃）で pH が7未満は酸性、7は中性である。

3. 酸消費量は、水中に含まれる水酸化物、炭酸塩、炭酸水素塩などのアルカリ分の量を示すものである。

4. 酸消費量（pH4.8）を滴定する場合は、フェノールフタレイン溶液を指示薬として用いる。

5. 全硬度は、水中のカルシウムイオン及びマグネシウムイオンの量を、これに対応する炭酸カルシウムの量に換算し、試料1リットル中の mg 数で表す。

【問 19】油だきボイラーの燃焼の維持及び調節について、誤っているものは次のうちどれか。[★★]

☑ 1. 燃焼室の温度は、原則として燃料を完全燃焼させるため、高温に保つ。

2. 蒸気圧力又は温水温度を一定に保つように、負荷の変動に応じて燃焼量を増減する。

3. 燃焼量を増すときは、燃料供給量を先に増してから燃焼用空気量を増す。

4. 燃焼用空気量の過不足は、計測して得た燃焼ガス中の CO_2、CO 又は O_2 の濃度により判断する。

5. 燃焼用空気量が多い場合には、炎は短い輝白色で、炉内が明るい。

【問20】 ボイラーの運転を終了するときの一般的な操作順序として、適切なものは
（1）～（5）のうちどれか。[★]

ただし、A～Eは、それぞれ次の操作をいうものとする。

A：給水を行い、圧力を下げた後、給水弁を閉じ、給水ポンプを止める。

B：蒸気弁を閉じ、ドレン弁を開く。

C：空気を送入し、炉内及び煙道の換気を行う。

D：燃料の供給を停止する。

E：ダンパを閉じる。

☑ 1．B → A → D → C → E

2．B → D → A → C → E

3．C → D → A → B → E

4．D → B → A → C → E

5．D → C → A → B → E

（燃料及び燃焼に関する知識）

【問21】 ボイラーにおける石炭燃焼と比較した重油燃焼の特徴として、誤っている
ものは次のうちどれか。[★]

☑ 1．完全燃焼させるときに、より大きな量の過剰空気が必要となる。

2．ボイラーの負荷変動に対して、応答性が優れている。

3．燃焼温度が高いため、ボイラーの局部過熱及び炉壁の損傷を起こしやすい。

4．クリンカの発生が少ない。

5．急着火及び急停止の操作が容易である。

【問22】 油だきボイラーにおける重油の加熱に関するAからDまでの記述で、正し
いもののみを全て挙げた組合せは、次のうちどれか。[★★]

A：A重油や軽油は、一般に 50 ～ 60℃に加熱する必要がある。

B：加熱温度が高すぎると、息づき燃焼となる。

C：加熱温度が低すぎると、すすが発生する。

D：加熱温度が低すぎると、バーナ管内でベーパロックを起こす。

☑ 1．A，B，C

2．A，C

3．A，D

4．B，C

5．B，C，D

【問23】 石炭について、誤っているものは次のうちどれか。[★]

☑ 1. 石炭に含まれる固定炭素は、石炭化度の進んだものほど多い。

2. 石炭に含まれる揮発分は、石炭化度の進んだものほど少ない。

3. 石炭に含まれる灰分が多くなると、石炭の発熱量が減少する

4. 石炭の燃料比は、揮発分を固定炭素で除した値である。

5. 石炭の単位質量当たりの発熱量は、一般に石炭化度の進んだものほど大きい。

【問24】 ボイラーにおける気体燃料の燃焼の特徴として、誤っているものは次のうちどれか。[★]

☑ 1. 燃焼させるときに、蒸発などのプロセスが不要である。

2. 燃料の加熱又は霧化媒体の高圧空気が必要である。

3. 安定した燃焼が得られ、点火及び消火が容易で、かつ、自動化しやすい。

4. 空気との混合状態を比較的自由に設定でき、火炎の広がり、長さなどの調節が容易である。

5. ガス火炎は、油火炎に比べて、接触伝熱面での伝熱量が多い。

【問25】 次の文中の（ ）内に入れるA及びBの語句の組合せとして、正しいものは（1）～（5）のうちどれか。[★★★]

「ガンタイプオイルバーナは、ファンと（A）式バーナとを組み合わせたもので、燃焼量の調節範囲が狭く、（B）動作によって自動制御を行っているものが多い。」

	A	B
☑ 1.	圧力噴霧	比例
2.	圧力噴霧	ハイ・ロー・オフ
3.	圧力噴霧	オンオフ
4.	蒸気噴霧	ハイ・ロー・オフ
5.	空気噴霧	オンオフ

【問26】 重油に含まれる水分及びスラッジによる障害について、誤っているものは次のうちどれか。[★]

☑ 1. 水分が多いと、熱損失が増加する。

2. 水分が多いと、息づき燃焼を起こす。

3. 水分が多いと、油管内に低温腐食を起こす。

4. スラッジは、弁、ろ過器、バーナチップなどを閉塞させる。

5. スラッジは、ポンプ、流量計、バーナチップなどを摩耗させる。

【問27】 次の文中の（　）内に入れるAからCまでの語句の組合せとして、適切なものは（1）～（5）のうちどれか。[★★]

「（A）燃焼における一次空気は、燃焼装置にて燃料の周辺に供給され、（B）を安定させる。また、二次空気は、（C）によって燃料と空気の混合を良好に保ち、燃焼を完結させる。」

	A	B	C
☑ 1.	油・ガスだき	初期燃焼	旋回又は交差流
2.	油・ガスだき	旋回又は交差流	吹き上げ
3.	流動層	初期燃焼	旋回又は交差流
4.	流動層	旋回又は交差流	吹き上げ
5.	火格子	初期燃焼	旋回又は交差流

【問28】 ボイラー用ガスバーナについて、誤っているものは次のうちどれか。[★]

☑　1. ボイラー用ガスバーナは、ほとんどが拡散燃焼方式を採用している。

2. センタータイプガスバーナは、空気流中に数本のガスノズルを有し、ガスノズルを分割することによりガスと空気の混合を促進する。

3. 拡散燃焼方式ガスバーナは、空気の流速・旋回強さ、ガスの分散・噴射方法、保炎器の形状などにより、火炎の形状やガスと空気の混合速度を調節する。

4. リングタイプガスバーナは、リング状の管の内側に多数のガス噴射孔を有し、ガスを空気流の外側から内側に向けて噴射する。

5. ガンタイプガスバーナは、バーナ、ファン、点火装置、燃焼安全装置、負荷制御装置などを一体化したもので、中・小容量のボイラーに用いられる。

【問29】 ボイラーの燃料の燃焼により発生する大気汚染物質について、誤っているものは次のうちどれか。[★]

☑　1. 排ガス中の SO_x は、大部分が SO_2 である。

2. 排ガス中の NO_x は、大部分が NO である。

3. 燃料を燃焼させた際に発生する固体微粒子には、すすやダストがある。

4. すすは、燃料の燃焼により分解した炭素が遊離炭素として残存したものである。

5. フューエル NO_x は、燃焼に使用された空気中の窒素が酸素と反応して生じる。

【問30】 油だきボイラーの燃焼室が具備すべき要件に関するAからDまでの記述で、正しいもののみを全て挙げた組合せは、次のうちどれか。[★]

A：燃料と燃焼用空気との混合が有効に、かつ、急速に行われる構造であること。

B：燃焼室は、燃焼ガスの炉内滞留時間が燃焼完結時間より長くなる大きさであること。

C：バーナタイルを設けるなど、着火を容易にする構造であること。

D：バーナの火炎が伝熱面や炉壁を直射し、伝熱効果を高める構造であること。

☑ 1．A，B

2．A，B，C

3．A，C

4．A，C，D

5．C，D

（関係法令）

【問31】 鋼製蒸気ボイラー（小型ボイラーを除く。）の蒸気部に取り付ける圧力計について講ずる措置として、法令に定められていないものは次のうちどれか。

[★★]

☑ 1．蒸気が直接圧力計に入らないようにすること。

2．コック又は弁の開閉状況を容易に知ることができること。

3．圧力計への連絡管は、容易に閉そくしない構造であること。

4．圧力計の目盛盤の最大指度は、最高使用圧力の1.5倍以上2倍以下の圧力を示す指度とすること。

5．圧力計の目盛盤の径は、目盛りを確実に確認できるものであること。

【問32】 次の文中の（ ）内に入れるA及びBの語句の組合せとして、法令に定められているものは（1）〜（5）のうちどれか。[★★★]

「蒸気ボイラー（小型ボイラーを除く。）の（A）は、ガラス水面計又はこれに接近した位置に、（B）と比較することができるように表示しなければならない。」

	A	B
☑ 1．	最低水位	常用水位
2．	最低水位	現在水位
3．	常用水位	現在水位
4．	常用水位	最低水位
5．	現在水位	常用水位

【問33】 ボイラー（小型ボイラーを除く。）の定期自主検査について、法令に定められていないものは次のうちどれか。［★★★］

☐ 1. 定期自主検査は、1か月をこえる期間使用しない場合を除き、1か月以内ごとに1回、定期に、行わなければならない。

2. 定期自主検査は、大きく分けて、「ボイラー本体」、「通風装置」、「自動制御装置」及び「附属装置及び附属品」の4項目について行わなければならない。

3. 「自動制御装置」の電気配線については、端子の異常の有無について点検しなければならない。

4. 「附属装置及び附属品」の給水装置については、損傷の有無及び作動の状態について点検しなければならない。

5. 定期自主検査を行ったときは、その結果を記録し、これを3年間保存しなければならない。

【問34】 法令上、ボイラーの伝熱面積に算入しない部分は、次のうちどれか。［★★★］

☐ 1. 管寄せ

2. 煙管

3. 水管

4. 蒸気ドラム

5. 炉筒

【問35】 法令上、原則としてボイラー技士でなければ取り扱うことができないボイラーは、次のうちどれか。［★★］

☐ 1. 伝熱面積が 10m^2 の温水ボイラー

2. 伝熱面積が 4m^2 の蒸気ボイラーで、胴の内径が 850mm、かつ、その長さが 1500mm のもの

3. 伝熱面積が 30m^2 の気水分離器を有しない貫流ボイラー

4. 内径が 400mm で、かつ、その内容積が 0.2m^3 の気水分離器を有する伝熱面積が 25m^2 の貫流ボイラー

5. 最大電力設備容量が 60kW の電気ボイラー

【問36】 ボイラー取扱作業主任者の職務として、法令に定められていないものは次のうちどれか。［★］

☐ 1. 圧力、水位及び燃焼状態を監視すること。

2. 急激な負荷の変動を与えないように努めること。

3. ボイラーについて異状を認めたときは、直ちに必要な措置を講ずること。

4. 排出されるばい煙の測定濃度及びボイラー取扱い中における異常の有無を記録すること。

5. 1日に1回以上水処理装置の機能を点検すること。

【問37】 次の文中の（ ）内に入れるAからCまでの語句及び数値の組合せとして、法令上、正しいものは（1）～（5）のうちどれか。[★★★]

「設置されたボイラー（小型ボイラーを除く。）に関し、事業者に変更があったときは、変更後の事業者は、その変更後（A）日以内に、ボイラー検査証（B）申請書にボイラー検査証を添えて、所轄労働基準監督署長に提出し、その（C）を受けなければならない。」

	A	B	C
1.	10	再交付	再交付
2.	10	書替	書替え
3.	14	書替	書替え
4.	30	書替	再交付
5.	30	再交付	再交付

☑ 1.の位置

【問38】 ボイラー室に設置されている胴の内径が600mmで、その長さが1000mmの立てボイラー（小型ボイラーを除く。）の場合、その外壁から壁、配管その他のボイラーの側部にある構造物（検査及びそうじに支障のない物を除く。）までの距離として、法令上、許容される最小の数値は次のうちどれか。[★★★]

☑ 1. 0.15m
2. 0.30m
3. 0.45m
4. 1.20m
5. 2.00m

【問39】 ボイラー（小型ボイラーを除く。）の検査及び検査証について、法令上、誤っているものは次のうちどれか。[★★★]

☑ 1. ボイラー（移動式ボイラーを除く。）を設置した者は、所轄労働基準監督署長が検査の必要がないと認めたボイラーを除き、落成検査を受けなければならない。
2. ボイラー検査証の有効期間の更新を受けようとする者は、性能検査を受けなければならない。
3. ボイラーを輸入した者は、原則として使用検査を受けなければならない。
4. ボイラーの給水装置に変更を加えた者は、変更検査を受けなければならない。
5. 使用を廃止したボイラーを再び設置しようとする者は、使用検査を受けなければならない。

【問40】給水が水道その他圧力を有する水源から供給される場合に、法令上、当該水源に係る管を返り管に取り付けなければならないボイラー（小型ボイラーを除く。）は、次のうちどれか。[★★]

☑　1．立てボイラー
　　2．鋳鉄製ボイラー
　　3．炉筒煙管ボイラー
　　4．水管ボイラー
　　5．貫流ボイラー

問1　正解［4］⇒13P ① 9．蒸気表 参照
　　飽和蒸気の比体積は、圧力が高くなるほど小さくなる。比体積の圧力が高くなるほど大きくなるのは飽和水である。

問2　正解［4］⇒21P ④ 1．丸ボイラーの特徴 参照
　　水管ボイラー（貫流ボイラーを除く。）と比較した丸ボイラーの特徴として、伝熱面積当たりの保有水量が多く、破裂の際の被害が大きい。

問3　正解［1］⇒27P ⑤ 🔥 貫流ボイラー 参照
　　超臨界圧力ボイラーに一般的に採用される構造のボイラーは貫流ボイラーである。

問4　正解［3］⇒57P ⑬ 2．逃がし管 参照
　　温水ボイラーの逃がし管には、途中に弁やコックを設けてはならない。温水ボイラーで加熱された水は体積が膨張し高圧になるため、膨張分を逃がさないとボイラー本体が破裂してしまう。

問5　正解［3］⇒80P ⑳ 3．点火装置 参照
　　サーモスタットとはバイメタルを利用したボイラーの過熱防止装置であるため、誤り。点火装置の構成部分はスパーク式のイグナイタやスパークプラグ、直接点火式のパイロットバーナを指す。

問6　正解［1］⇒48P ⑩ 2．主蒸気弁 参照
　　主蒸気弁に用いられる仕切弁は、蒸気が直線状に流れる弁で、抵抗が非常に少ない。

問7　正解［3］⇒37P ⑦ 🔥 ステー 2．管ステー 参照
　　管ステーを火炎に触れる部分にねじ込みによって取り付ける場合には、焼損を防ぐため、端部を縁曲げにしなければならない。

問8　正解［4］⇒41P ⑧ 1．圧力計 参照
　　Ｂ：ブルドン管圧力計には水を入れたサイホン管などを胴と圧力計との間に取り付けて、ブルドン管に蒸気や水が入らないようにしなければ誤差が生じてしまう。
　　Ｃ：圧力計は、ブルドン管と扇形歯車をかみ合わせた構造で、ブルドン管が圧力によって伸縮することを利用している。

問9　正解［2］⇒19P ③ 🔥 ボイラーの容量及び効率 2．効率 参照
　　Ａ：蒸気の発生に要する熱量は、蒸気圧力及び蒸気温度及び給水温度によって異なる。
　　Ｃ：ボイラー効率は、発生蒸気の吸収熱量を全供給熱量で除したものである。

問10　正解［2］⇒76P ⑲ 3．水位検出器の取付け上の注意事項 参照
　　水位検出器の水側連絡管及び蒸気側連絡管には、原則として、バルブ又はコックを直列に2個以上設けてはならない。

問11　正解［3］⇒85P ① 🔥 点火 1．油だきボイラーの手動点火操作 参照
　　バーナが2基以上ある場合の点火は、初めに1基のバーナに点火し、その後、燃焼が安定してから他のバーナに点火する。

問12　正解［4］⇒112P ⑬ 1．水位検出器 参照
　　Ａ：電極式では、1日に1回以上、水の純度の上昇による電気伝導率の低下を防ぐため、検出筒内のブローを行う。

問 13　正解［5］⇒ 105P ⑩ 2．安全弁が作動しない原因 参照
　　Ａ：弁体円筒部と弁体ガイド部の隙間が少なく、熱膨張などにより弁体円筒部が密
　　　着している場合、安全弁が作動しない原因であるため、誤り。
　　Ｂ：弁棒に曲がりがあり、弁棒貫通部に弁棒が接触している場合、安全弁が作動しな
　　　い原因であるため、誤り。

問 14　正解［3］⇒ 84P ① 🔥 点火前の点検・準備 参照
　　ボイラーをたき始めるとき、胴の空気抜弁は、蒸気が発生し始めるまで開いておく。

問 15　正解［5］⇒ 119P ⑮ 🔥 不純物の種類 1．溶存気体 参照
　　膜脱気法は、高分子気体透過膜の片側に水を供給し、反対側を真空にして溶存気体
　を除去する方法である。

問 16　正解［4］⇒ 109P ⑪ 2．2個の吹出し弁の操作方法 参照
　　直列に設けられている2個の吹出し弁を閉じるときは、漸開弁を先に閉じ、次に急
　開弁を閉じる。

問 17　正解［1］⇒ 120P ⑮ 🔥 不純物の種類 2．全蒸発残留物 参照
　　スケールは、溶解性蒸発残留物が濃縮されて析出し、管壁などの伝熱面に固着した
　ものである。スラッジは、固着しないでドラム底部などに堆積した軟質の沈殿物で、「か
　まどろ」とも呼ばれる。

問 18　正解［4］⇒ 118P ⑮ 🔥 水の性質 2．酸消費量 参照
　　酸消費量（pH4.8）を滴定する場合は、メチルレッド溶液を指示薬として用いる。

問 19　正解［3］⇒ 90P ③ 2．燃焼の維持、調節 参照
　　燃焼量を増すときは、燃焼用空気量を先に増してから燃料供給量を増す。

問 20　正解［5］⇒ 100P ⑦ 1．運転終了時の操作手順 参照
　　ボイラーの運転を終了するときは、燃料の供給を停止する。　→　空気を送入し、炉内
　及び煙道の換気を行う。　→　給水を行い、圧力を下げた後、給水弁を閉じ、給水ポンプ
　を止める。　→　蒸気弁を閉じ、ドレン弁を開く。　→　ダンパを閉じる。

問 21　正解［1］⇒ 143P ⑦ 1．石炭燃焼と比較した重油燃焼の特徴 参照
　1．石炭燃焼と比較した重油燃焼の特徴として、完全燃焼させるときに少ない過剰空
　　気で完全燃焼させることができる。
　4．クリンカとは、ボイラ内で灰が局部的に溶融し、炉壁や伝熱管に付着する現象で
　　ある。重油は石炭より灰分が少ないのでクリンカの発生が少ない、正しい。

問 22　正解［4］⇒ 144P ⑧ 1．加熱の目的と加熱温度 参照
　　Ａ：油だきボイラーにおける重油の加熱において、Ｂ重油は一般に 50 ～ 60℃に加
　　　熱する必要がある。
　　Ｄ：油だきボイラーにおける重油の加熱温度が高すぎると、バーナ管内でベーパロ
　　　ックを起こす。

問 23　正解［4］⇒ 139P ⑤ 1．石炭燃料の特徴 参照
　　石炭の燃料比は、固定炭素の質量を揮発分で除した値である。

問 24　正解［2］⇒ 155P ⑬ 気体燃料の燃焼の特徴 参照
　　液体燃料の燃焼の特徴として、燃料の加熱又は霧化媒体の高圧空気が必要である。
　気体燃料は、燃焼させる上で液体燃料のような微粒化、蒸発のプロセスが不要である。

3

令
和
4
年
10
月
　
正
解
・
解
説

問25　正解［3］⇒152P ⑪ 5．ガンタイプバーナ 参照
　　「ガンタイプオイルバーナは、ファンと圧力噴霧式バーナとを組み合わせたもので、燃焼量の調節範囲が狭く、オンオフ動作によって自動制御を行っているものが多い。」

問26　正解［3］⇒133P ③ 1．重油の成分による障害 参照
　　重油に含まれる硫黄分が多いと、油管内に低温腐食を起こす。

問27　正解［1］⇒167P ⑲ 1．一次空気と二次空気 参照
　　「油・ガスだき燃焼における一次空気は、燃焼装置にて燃料の周辺に供給され、初期燃焼を安定させる。また、二次空気は、旋回又は交差流によって燃料と空気の混合を良好に保ち、燃焼を完結させる。」

問28　正解［2］⇒156P ⑭ 1．ガスバーナの種類 参照
　　センタータイプガスバーナは、空気流の中心にガスノズルがあり、先端からガスを放射状に噴射するものである。空気流中に数本のガスノズルを有し、ガスノズルを分割することによりガスと空気の混合を促進するのは、マルチスパッドバーナである。

問29　正解［5］⇒161P ⑯ 2．窒素酸化物（NOx）参照
　　ボイラーの燃料の燃焼により発生するフューエル NOx は、燃料中の窒素化合物から酸化して生じる。燃焼に使用された空気中の窒素が酸素と反応して生じるのはサーマル NOx である。

問30　正解［2］⇒165P ⑱ 2．油・ガスだき燃焼室が具備すべき要件 参照
　　D：バーナの火炎が伝熱面や炉壁を直射すると、これらを焼損したり不完全燃焼を起こすため、誤り。

問31　正解［4］⇒195P ⑩ 1．圧力計 参照
　　圧力計の目盛盤の最大指度は、最高使用圧力の1.5倍以上3倍以下の圧力を示す指度とすること。

問32　正解［3］⇒188P ⑦ 1．附属品の管理事項 参照
　　「蒸気ボイラー（小型ボイラーを除く。）の常用水位は、ガラス水面計又はこれに接近した位置に、現在水位と比較することができるように表示しなければならない。」

問33　正解［2］⇒190P ⑧ 1．定期自主点検 参照
　　定期自主検査は、大きく分けて、「ボイラー本体」、「燃焼装置」、「自動制御装置」及び「附属装置及び附属品」の4項目について行わなければならない。

問34　正解［4］⇒174P ① 1．伝熱面積 参照
　　法令上、蒸気ドラムはボイラーの伝熱面積に算入しない。

問35　正解［2］⇒184P ⑤ 2．選任できるボイラーの区分 参照
　　伝熱面積が3m^{2}を超える、もしくは胴の内径が750mmを超える、胴の長さが1300mmを超える蒸気ボイラーは、ボイラー技士でなければ取り扱うことができないので、誤り。

問36　正解［5］⇒186P ⑥ 1．法令で定める職務 参照
　　ボイラー取扱作業主任者の職務として、1日に1回以上水面測定装置の機能を点検すること。

問37　正解［2］⇒180P ③ 3．事業者等の変更 参照
　　「設置されたボイラー（小型ボイラーを除く。）に関し、事業者に変更があったときは、変更後の事業者は、その変更後10日以内に、ボイラー検査証書替申請書にボイラー検査証を添えて、所轄労働基準監督署長に提出し、その書替えを受けなければならない。」

問38　正解［3］⇒182P ④ 3．ボイラーの据付位置 参照
　　本体を被覆していないボイラー又は立てボイラーについては、ボイラーの外壁から
壁、配管その他のボイラーの側部にある構造物（検査及びそうじに支障のない物を除
く。）までの距離を 0.45m 以上としなければならない。ただし、胴の内径が 500mm
以下で、かつ、その長さが 1300mm 以下のボイラーについては、この距離は、0.3m
以上とする。

問39　正解［4］⇒180P ③ 1．変更届 参照
　ボイラーの給水装置に変更を加えた者は、変更検査を受ける必要はない。

問40　正解［2］⇒199P ⑫ 2．水道などからの給水 参照
　　鋳鉄製ボイラーで給水が水道その他圧力を有する水源から供給される場合には、当
該水源に係る管（給水管）を返り管に取り付けなければならない。

[出題頻度] ★★★＝80％以上　★★＝60％程度　★＝40％程度　なし＝20％以下

（ボイラーの構造に関する知識）

【問1】次の文中の（　）内に入れるA及びBの語句の組合せとして、正しいものは1〜5のうちどれか。［★★］

　　　「飽和水の比エンタルピは飽和水1kgの（A）であり、飽和蒸気の比エンタルピはその飽和水の（A）に（B）を加えた値で、単位はkJ/kgである。」

		A	B
☑	1.	潜熱	顕熱
	2.	潜熱	蒸発熱
	3.	顕熱	蒸発熱
	4.	蒸発熱	潜熱
	5.	蒸発熱	顕熱

【問2】ボイラーの容量及び効率について、誤っているものは次のうちどれか。［★★］

☑　1. 蒸気ボイラーの容量（能力）は、最大連続負荷の状態で、1時間に発生する蒸発量で示される。

　2. 蒸気の発生に要する熱量は、蒸気圧力、蒸気温度及び給水温度によって異なる。

　3. 換算蒸発量は、実際に給水から所要蒸気を発生させるために要した熱量を2257kJ/kgで除したものである。

　4. ボイラー効率とは、全供給熱量に対する発生蒸気の吸収熱量の割合をいう。

　5. ボイラー効率を算定するとき、液体燃料の発熱量は、一般に水蒸気の蒸発熱を含む真発熱量を用いる。

【問3】ボイラーの水循環について、誤っているものは次のうちどれか。［★］

☑　1. ボイラー内で、温度が上昇した水及び気泡を含んだ水は上昇し、その後に温度の低い水が下降して水の循環流ができる。

　2. 丸ボイラーは、伝熱面の多くがボイラー水中に設けられ、水の対流が容易なので、水循環の系路を構成する必要がない。

　3. 水管ボイラーは、水循環を良くするため、水と気泡の混合体が上昇する管と、水が下降する管を区別して設けているものが多い。

　4. 自然循環式水管ボイラーは、高圧になるほど蒸気と水との密度差が小さくなり、循環力が弱くなる。

　5. 水循環が良すぎると、熱が水に十分に伝わるので、伝熱面温度は水温より著しく高い温度となる。

【問4】 ボイラーに使用される次の管類のうち、伝熱管に分類されないものはどれか。

☑ 1. 水管 [★★★]
　　2. エコノマイザ管
　　3. 煙管
　　4. 主蒸気管
　　5. 過熱管

【問5】 鋳鉄製ボイラーについて、誤っているものは次のうちどれか。[★★]

☑ 1. 暖房用蒸気ボイラーでは、原則として復水を循環使用する。
　　2. 暖房用蒸気ボイラーでは、給水管はボイラー本体の安全低水面の位置に直接取り付ける。
　　3. 暖房用蒸気ボイラーの返り管の取付けには、ハートフォード式連結法が用いられる。
　　4. ウェットボトム式は、ボイラー底部にも水を循環させる構造となっている。
　　5. 鋼製ボイラーに比べ、強度は低いが、腐食には強い。

【問6】 ボイラーに使用する計測器について、適切でないものは次のうちどれか。

[★★★]

☑ 1. 面積式流量計は、垂直に置かれたテーパ管内のフロートが流量の変化に応じて上下に可動し、テーパ管とフロートの間の環状面積が流量に比例することを利用している。
　　2. 差圧式流量計は、流体が流れている管の中に絞りを挿入すると、入口と出口との間に流量に比例する圧力差が生じることを利用している。
　　3. 容積式流量計は、ケーシングの中で、だ円形歯車を2個組み合わせ、これを流体の流れによって回転させると、流量が歯車の回転数に比例することを利用している。
　　4. 平形反射式水面計は、ガラスの前面から見ると水部は光線が通って黒色に見え、蒸気部は光線が反射されて白色に光って見える。
　　5. U字管式通風計は、計測する場所の空気又はガスの圧力と大気圧との差圧を水柱で示す。

【問7】 ボイラーの自動制御に関するAからDまでの記述で、誤っているもののみを全て挙げた組合せは、次のうちどれか。

A：ボイラーの状態量として設定範囲内に収めることが目標となっている量を操作量といい、そのために調節する量を制御量という。

B：ボイラーの蒸気圧力又は温水温度を一定にするように、燃料供給量及び燃焼用空気量を自動的に調節する制御を自動燃焼制御（ACC）という。

C：比例動作による制御は、オフセットが現れた場合にオフセットがなくなるように動作する制御である。

D：積分動作による制御は、偏差の時間積分値に比例して操作量を増減するように動作する制御である。

☑　1．A，B，C
　　2．A，C
　　3．A，C，D
　　4．B，D
　　5．C，D

【問8】 ボイラーの給水系統装置について、適切でないものは次のうちどれか。［★★］

☑　1．ディフューザポンプは、羽根車の周辺に案内羽根のある遠心ポンプで、高圧のボイラーには多段ディフューザポンプが用いられる。

　　2．渦巻ポンプは、羽根車の周辺に案内羽根のない遠心ポンプで、一般に低圧のボイラーに用いられる。

　　3．給水加熱器には、一般に加熱管を隔てて給水を加熱する熱交換式が用いられる。

　　4．給水弁と給水逆止め弁をボイラーに取り付ける場合は、ボイラーに近い側に給水弁を取り付ける。

　　5．給水内管は、一般に長い鋼管に多数の穴を設けたもので、胴又は蒸気ドラム内の安全低水面よりやや上方に取り付ける。

【問9】 ボイラーのエコノマイザについて、誤っているものは次のうちどれか。［★★］

☑　1．エコノマイザ管には、平滑管やひれ付き管が用いられる。

　　2．エコノマイザを設置すると、ボイラーへの給水温度が上昇する。

　　3．エコノマイザには、燃焼ガスにより加熱されたエレメントが移動し、給水を予熱する再生式のものがある。

　　4．エコノマイザを設置すると、通風抵抗が多少増加する。

　　5．エコノマイザは、燃料の性状によっては低温腐食を起こすことがある。

【問10】 温水ボイラー及び蒸気ボイラーの附属品に関するAからDまでの記述で、正しいもののみを全て挙げた組合せは、次のうちどれか。[★]

A：凝縮水給水ポンプは、重力環水式の暖房用蒸気ボイラーで、凝縮水をボイラーに押し込むために用いられる。

B：暖房用蒸気ボイラーの逃がし弁は、発生蒸気の圧力と使用箇所での蒸気圧力の差が大きいときの調節弁として用いられる。

C：温水ボイラーの逃がし管には、ボイラーに近い側に弁又はコックを取り付ける。

D：温水ボイラーの逃がし弁は、逃がし管を設けない場合又は密閉型膨張タンクとした場合に用いられる。

☑ 1．A，B，D
　 2．A，C，D
　 3．A，D
　 4．B，C
　 5．B，C，D

（ボイラーの取扱いに関する知識）

【問11】 ボイラーに給水するディフューザポンプの取扱いについて、誤っているものは次のうちどれか。[★]

☑ 1．運転前に、ポンプ内及びポンプ前後の配管内の空気を十分に抜く。

　 2．起動は、吐出し弁を全閉、吸込み弁を全開にした状態でポンプ駆動用電動機を起動し、ポンプの回転と水圧が正常になったら吐出し弁を徐々に開き、全開にする。

　 3．運転中は、ポンプの吐出し圧力、流量及び負荷電流が適正であることを確認する。

　 4．メカニカルシール式の軸については、運転中、軸冷却のため、少量の水が連続して滴下していることを確認する。

　 5．運転を停止するときは、吐出し弁を徐々に閉め、全閉にしてからポンプ駆動用電動機を止める。

【問12】ボイラーのスートブローについて、誤っているものは次のうちどれか。[★★]

☑ 1．スートブローは、主としてボイラーの水管外面などに付着したすすの除去を目的として行う。

　 2．スートブローの蒸気は、ドレンを抜き乾燥したものを用いる。

　 3．スートブローは、安定した燃焼状態を保持するため、一般に最大負荷の50％以下で行う。

　 4．スートブローが終了したら蒸気の元弁を確実に閉止し、ドレン弁は開放する。

　 5．スートブローを行ったときは、煙道ガスの温度や通風損失を測定して、その効果を確かめる。

【問 13】 次のうち、ボイラー給水の脱酸素剤として使用される薬剤のみの組合せはどれか。[★★★]

☑ 1. りん酸ナトリウム　　　　ヒドラジン
　　2. りん酸ナトリウム　　　　タンニン
　　3. 亜硫酸ナトリウム　　　　炭酸ナトリウム
　　4. タンニン　　　　　　　　ヒドラジン
　　5. 炭酸ナトリウム　　　　　りん酸ナトリウム

【問 14】 ボイラー水の吹出しに関するAからDまでの記述で、正しいもののみを全て挙げた組合せは、次のうちどれか。[★★]

　　A：炉筒煙管ボイラーの吹出しは、最大負荷よりやや低いときに行う。
　　B：水冷壁の吹出しは、スラッジなどの沈殿を考慮して、運転中に適宜行う。
　　C：吹出しを行っている間は、他の作業を行ってはならない。
　　D：吹出し弁が直列に2個設けられている場合は、急開弁を締切り用とする。

☑ 1. A，B
　　2. A，C
　　3. A，C，D
　　4. B，C，D
　　5. C，D

【問 15】 ボイラーにおけるキャリオーバの害に関するAからDまでの記述で、正しいもののみを全て挙げた組合せは、次のうちどれか。[★★]

　　A：蒸気の純度を低下させる。
　　B：ボイラー水全体が著しく揺動し、水面計の水位が確認しにくくなる。
　　C：ボイラー水が過熱器に入り、蒸気温度が上昇して過熱器の破損を起こす。
　　D：水位制御装置が、ボイラー水位が下がったものと認識し、ボイラー水位を上げて高水位になる。

☑ 1. A，B
　　2. A，B，C
　　3. A，B，D
　　4. B，C
　　5. C，D

【問16】 ボイラー水位が安全低水面以下にあると気付いたときの措置として、誤っているものは次のうちどれか。[★★]

☑ 1. 燃料の供給を止めて、燃焼を停止する。
   2. 換気を行い、炉を冷却する。
   3. 主蒸気弁を全開にして、蒸気圧力を下げる。
   4. 炉筒煙管ボイラーでは、水面が煙管のある位置より低下した場合は、給水を行わない。
   5. ボイラーが冷却してから、原因及び各部の損傷の有無を調査する。

【問17】 ボイラーの内面清掃の目的として、適切でないものは次のうちどれか。

☑ 1. すすの付着による効率の低下を防止する。   [★★]
   2. スケールやスラッジによる過熱の原因を取り除き、腐食や損傷を防止する。
   3. スケールやスラッジによるボイラー効率の低下を防止する。
   4. 穴や管の閉塞による安全装置、自動制御装置などの機能障害を防止する。
   5. ボイラー水の循環障害を防止する。

【問18】 単純軟化法によるボイラー補給水の軟化装置について、誤っているものは次のうちどれか。[★★]

☑ 1. 軟化装置は、水の硬度成分を除去する最も簡単なもので、低圧ボイラーに広く普及している。
   2. 軟化装置は、水中のシリカや塩素イオンを除去することができる。
   3. 軟化装置による処理水の残留硬度は、貫流点を超えると著しく増加する。
   4. 軟化装置の強酸性陽イオン交換樹脂の交換能力が低下した場合は、一般に食塩水で再生を行う。
   5. 軟化装置の強酸性陽イオン交換樹脂は、1年に1回程度、鉄分による汚染などを調査し、樹脂の洗浄及び補充を行う。

【問19】 ボイラーのばね安全弁及び逃がし弁の調整及び試験に関するAからDまで
　　　 の記述で、適切なもののみを全て挙げた組合せは、次のうちどれか。[★★]
　　　　A：安全弁の調整ボルトを定められた位置に設定した後、ボイラーの圧力を
　　　　　　ゆっくり上昇させて安全弁を作動させ、吹出し圧力及び吹止まり圧力を確
　　　　　　認する。
　　　　B：安全弁が1個設けられている場合は、最高使用圧力の3％増以下で作動
　　　　　　するように調整する。
　　　　C：エコノマイザの逃がし弁（安全弁）は、ボイラー本体の安全弁より低い
　　　　　　圧力に調整する。
　　　　D：安全弁の手動試験は、常用圧力の75％以下の圧力で行う。
　☑　1．A
　　　 2．A，B
　　　 3．A，C，D
　　　 4．A，D
　　　 5．B，C，D

【問20】 ボイラーの点火前の点検・準備について、適切でないものは次のうちどれか。
　　　　　　　　　　　　　　　　　　　　　　　　　　　　　　　　[★★★]
　☑　1．液体燃料の場合は油タンク内の油量を、ガス燃料の場合はガス圧力を調べ、
　　　　　適正であることを確認する。
　　　 2．験水コックがある場合には、水部にあるコックを開けて、水が噴き出すこ
　　　　　とを確認する。
　　　 3．圧力計の指針の位置を点検し、残針がある場合は予備の圧力計と取り替える。
　　　 4．給水タンク内の貯水量を点検し、十分な水量があることを確認する。
　　　 5．炉及び煙道内の換気は、煙道の各ダンパを半開にしてファンを運転し、徐々
　　　　　に行う。

（燃料及び燃焼に関する知識）
【問21】 次の文中の（　）内に入れるA及びBの語句の組合せとして、適切なもの
　　　 は1～5のうちどれか。[★★★]
　　　　「液体燃料を加熱すると（A）が発生し、これに小火炎を近づけると瞬間的
　　　　に光を放って燃え始める。この光を放って燃える（B）の温度を引火点という。」
　　　　　　　　　A　　　　　　　B
　☑　1．水素　　　　　最高
　　　 2．蒸気　　　　　最高
　　　 3．蒸気　　　　　最低
　　　 4．酸素　　　　　最低
　　　 5．酸素　　　　　最高

【問 22】 ボイラーの油バーナについて、誤っているものは次のうちどれか。[★★★]

☑ 1. 圧力噴霧式バーナは、油に高圧力を加え、これをノズルチップから炉内に噴出させて微粒化するものである。

2. 戻り油式圧力噴霧バーナは、単純な圧力噴霧式バーナに比べ、ターンダウン比が広い。

3. 高圧蒸気噴霧式バーナは、比較的高圧の蒸気を霧化媒体として油を微粒化するもので、ターンダウン比が狭い。

4. 回転式バーナは、回転軸に取り付けられたカップの内面で油膜を形成し、遠心力により油を微粒化するものである。

5. ガンタイプバーナは、ファンと圧力噴霧式バーナを組み合わせたもので、燃焼量の調節範囲が狭い。

【問 23】 ボイラーにおける燃料の燃焼について、誤っているものは次のうちどれか。
[★★]

☑ 1. 燃焼には、燃料、空気及び温度の三つの要素が必要である。

2. 燃料を完全燃焼させるときに、理論上必要な最小の空気量を理論空気量という。

3. 着火性が良く燃焼速度が速い燃料は、完全燃焼させるときに、狭い燃焼室でも良い。

4. 排ガス熱による熱損失を少なくするためには、空気比を大きくして完全燃焼させる。

5. 燃焼温度は、燃料の種類、燃焼用空気の温度、燃焼効率、空気比などの条件によって変わる。

【問 24】 重油の性質に関するAからDまでの記述で、正しいもののみを全て挙げた組合せは、次のうちどれか。[★★]

A：重油の密度は、温度が上昇すると増加する。

B：流動点は、重油を冷却したときに流動状態を保つことのできる最低温度で、一般に温度は凝固点より 2.5℃高い。

C：重油の実際の引火点は、一般に 100℃前後である。

D：密度の小さい重油は、密度の大きい重油より単位質量当たりの発熱量が大きい。

☑ 1. A，B，C

2. A，D

3. B，C

4. B，C，D

5. C，D

【問 25】 ボイラーにおける石炭燃焼と比較した重油燃焼の特徴として、誤っているものは次のうちどれか。[★]

☑ 1．小さな量の過剰空気で、完全燃焼させることができる。
2．ボイラーの負荷変動に対して、応答性が優れている。
3．燃焼温度が低いため、ボイラーの局部過熱及び炉壁の損傷を起こしにくい。
4．急着火及び急停止の操作が容易である。
5．すすやダストの発生が少ない。

【問 26】 燃料の分析及び性質について、誤っているものは次のうちどれか。[★★★]

☑ 1．組成を示す場合、通常、液体燃料には成分分析が、気体燃料には元素分析が用いられる。
2．工業分析は、固体燃料の成分を分析する一つの方法で、石炭の燃焼特性などを把握するのに有効である。
3．発熱量とは、燃料を完全燃焼させたときに発生する熱量である。
4．発熱量の単位は、固体及び液体燃料の場合、一般に MJ/kg が用いられる。
5．高発熱量と低発熱量の差は、燃料に含まれる水素及び水分の割合によって決まる。

【問 27】 重油燃焼によるボイラー及び附属設備の低温腐食の抑制方法に関するAからDまでの記述で、正しいもののみを全て挙げた組合せは、次のうちどれか。
A：燃焼ガス中の酸素濃度を上げる。　　　　　　　　　　　　[★★]
B：燃焼ガス温度を、給水温度にかかわらず、燃焼ガスの露点以上に高くする。
C：燃焼室及び煙道への空気漏入を防止し、煙道ガスの温度の低下を防ぐ。
D：重油に添加剤を加え、燃焼ガスの露点を上げる。

☑ 1．A，B
2．A，B，D
3．B，C
4．C，D
5．C

【問 28】 ボイラー用ガスバーナについて、誤っているものは次のうちどれか。[★]

☑ 1．ボイラー用ガスバーナは、ほとんどが拡散燃焼方式を採用している。
2．拡散燃焼方式ガスバーナは、空気の流速・旋回強さ、ガスの分散・噴射方法、保炎器の形状などにより、火炎の形状やガスと空気の混合速度を調節する。
3．センタータイプガスバーナは、空気流の中心にガスノズルを有し、先端からガスを放射状に噴射する。
4．リングタイプガスバーナは、空気流中に数本のガスノズルを有し、ガスノズルを分割することによりガスと空気の混合を促進する。
5．ガンタイプガスバーナは、中・小容量のボイラーに用いられることが多い。

【問29】 ボイラーの燃焼における一次空気及び二次空気について、誤っているものは次のうちどれか。[★★]

☑ 1. 油・ガスだき燃焼における一次空気は、噴射された燃料の周辺に供給され、初期燃焼を安定させる。

2. 油・ガスだき燃焼における二次空気は、旋回又は交差流によって燃料と空気の混合を良好にして、燃焼を完結させる。

3. 微粉炭バーナ燃焼では、一般に、一次空気と微粉炭は予混合されてバーナに供給され、二次空気はバーナの周囲から噴出される。

4. 火格子燃焼における二次空気は、燃料層上の可燃性ガスの火炎中に送入される。

5. 火格子燃焼における一次空気と二次空気の割合は、二次空気が大部分を占める。

【問30】 ボイラーの通風に関して、誤っているものは次のうちどれか。[★★★]

☑ 1. 誘引通風は、燃焼ガスを煙道又は煙突入口に設けたファンによって吸い出すもので、燃焼ガスの外部への漏れ出しがほとんどない。

2. 誘引通風は、必要とする動力が平衡通風より小さい。

3. 押込通風は、一般に、常温の空気を取り扱い、所要動力が小さいので広く用いられている。

4. 押込通風は、空気流と燃料噴霧流が有効に混合するため、燃焼効率が高まる。

5. 平衡通風は、押込ファンと誘引ファンを併用したもので、通風抵抗の大きなボイラーでも強い通風力が得られる。

（関係法令）

【問31】 ボイラー（移動式ボイラー及び小型ボイラーを除く。）に関する次の文中の（　）内に入れるAからCまでの語句の組合せとして、法令に定められているものは1～5のうちどれか。[★★★]

「ボイラーを設置した者は、所轄労働基準監督署長が検査の必要がないと認めたものを除き、①ボイラー、②ボイラー室、③ボイラー及びその（A）の配置状況、④ボイラーの（B）並びに燃焼室及び煙道の構造について、（C）検査を受けなければならない。」

	A	B	C
☑ 1.	自動制御装置	通風装置	落成
2.	自動制御装置	据付基礎	使用
3.	配管	据付基礎	落成
4.	配管	附属設備	落成
5.	配管	据付基礎	使用

【問32】 次の文中の（　）内に入れるA及びBの数値の組合せとして、法令に定められているものは1～5のうちどれか。［★★］

　「鋳鉄製温水ボイラー（小型ボイラーを除く。）で圧力が（A）MPaを超えるものには、温水温度が（B）℃を超えないように温水温度自動制御装置を設けなければならない。」

	A	B
1.	0.1	100
2.	0.1	120
3.	0.3	120
4.	0.5	130
5.	0.5	150

【問33】 ボイラー（移動式ボイラー、屋外式ボイラー及び小型ボイラーを除く。）を設置するボイラー室について、法令に定められていない内容のものは次のうちどれか。［★★★］

1. 伝熱面積が4m²の蒸気ボイラーは、ボイラー室に設置しなければならない。
2. ボイラーの最上部から天井、配管その他のボイラーの上部にある構造物までの距離は、原則として、2m以上としなければならない。
3. ボイラー室には、必要がある場合のほか、引火しやすいものを持ち込ませてはならない。
4. 立てボイラーは、ボイラーの外壁から壁、配管その他のボイラーの側部にある構造物（検査及びそうじに支障のない物を除く。）までの距離を、原則として、0.45m以上としなければならない。
5. ボイラー室に燃料の石炭を貯蔵するときは、原則として、これをボイラーの外側から1.2m以上離しておかなければならない。

【問34】 ボイラーの伝熱面積の算定方法に関するAからDまでの記述で、法令上、正しいもののみを全て挙げた組合せは、次のうちどれか。［★★★］

A：水管ボイラーの耐火れんがでおおわれた水管の面積は、伝熱面積に算入しない。
B：貫流ボイラーの過熱管は、伝熱面積に算入しない。
C：立てボイラー（横管式）の横管の伝熱面積は、横管の外径側で算定する。
D：炉筒煙管ボイラーの煙管の伝熱面積は、煙管の内径側で算定する。

1. A，B
2. A，B，C
3. A，D
4. B，C，D
5. C，D

【問 35】 次のボイラーを取り扱う場合、法令上、算定される伝熱面積が最も大きい ものはどれか。[★★]

ただし、他にボイラーはないものとする。

☑ 1. 伝熱面積が 15m^2 の鋳鉄製温水ボイラー

2. 伝熱面積が 20m^2 の炉筒煙管ボイラー

3. 最大電力設備容量が 450kW の電気ボイラー

4. 伝熱面積が 240m^2 の貫流ボイラー

5. 伝熱面積が 50m^2 の廃熱ボイラー

【問 36】 鋳鉄製ボイラー（小型ボイラーを除く。）の附属品について、次の文中の（ ） 内に入れるAからCまでの語句の組合せとして、法令に定められているもの は1〜5のうちどれか。[★★]

「（A）ボイラーには、ボイラーの（B）付近における（A）の（C）を表 示する（C）計を取り付けなければならない。」

	A	B	C
☑ 1.	蒸気	入口	温度
2.	蒸気	出口	流量
3.	温水	入口	温度
4.	温水	出口	温度
5.	温水	出口	流量

【問 37】 ボイラー（小型ボイラーを除く。）の次の部分又は設備を変更しようとする とき、法令上、ボイラー変更届を所轄労働基準監督署長に提出する必要のな いものはどれか。[★★★]

ただし、計画届の免除認定を受けていない場合とする。

☑ 1. 管板

2. ステー

3. 水管

4. 燃焼装置

5. 据付基礎

【問38】 鋼製ボイラー（小型ボイラーを除く。）の安全弁について、法令に定められていない内容のものは次のうちどれか。[★★★]

☑ 1. 伝熱面積が $50m^2$ を超える蒸気ボイラーには、安全弁を2個以上備えなければならない。

2. 貫流ボイラー以外の蒸気ボイラーの安全弁は、ボイラー本体の容易に検査できる位置に直接取り付け、かつ、弁軸を鉛直にしなければならない。

3. 過熱器には、過熱器の出口付近に過熱器の温度を設計温度以下に保持することができる安全弁を備えなければならない。

4. 貫流ボイラーに備える安全弁については、ボイラー本体の安全弁より先に吹き出すように調整するため、当該ボイラーの最大蒸発量以上の吹出し量のものを、過熱器の入口付近に取り付けることができる。

5. 水の温度が120℃を超える温水ボイラーには、安全弁を備えなければならない。

【問39】 ボイラー（移動式ボイラー及び小型ボイラーを除く。）について、次の文中の（　）内に入れるA及びBの語句の組合せとして、法令上、正しいものは1～5のうちどれか。[★★★]

「（A）並びにボイラー取扱作業主任者の（B）及び氏名をボイラー室その他のボイラー設置場所の見やすい箇所に掲示しなければならない。」

	A	B
☑ 1.	最高使用圧力	資格
2.	最大蒸発量	資格
3.	最大蒸発量	所属
4.	ボイラー検査証	所属
5.	ボイラー検査証	資格

【問40】 ボイラー（小型ボイラーを除く。）の附属品の管理のため行わなければならない事項に関するAからDまでの記述で、法令に定められているもののみを全て挙げた組合せは、次のうちどれか。[★★★]

A：圧力計の目もりには、ボイラーの最高使用圧力を示す位置に、見やすい表示をすること。

B：蒸気ボイラーの水高計の目もりには、常用水位を示す位置に、見やすい表示をすること。

C：燃焼ガスに触れる給水管、吹出管及び水面測定装置の連絡管は、不燃性材料により保温その他の措置を講ずること。

D：圧力計は、使用中その機能を害するような振動を受けることがないようにし、かつ、その内部が凍結し、又は80℃以上の温度にならない措置を講ずること。

☑ 1．A，B，D
2．A，C，D
3．A，D
4．B，C
5．C，D

問1　正解 [3] ⇒ 12P ① 6．エンタルピ 参照

　　飽和水の比エンタルピは飽和水1kgの顕熱であり、飽和蒸気の比エンタルピはその飽和水の顕熱に蒸発熱を加えた値で、単位はkJ/kgである。

問2　正解 [5] ⇒ 19P ③ 🔥 ボイラーの容量及び効率 2．効率 参照

　　ボイラー効率を算定するとき、液体燃料の発熱量は、一般に低発熱量を用いる。低発熱量は真発熱量とも呼ぶが、高発熱量より水蒸気の潜熱を差し引いた発熱量であるため、誤り。

問3　正解 [5] ⇒ 16P ② 🔥 ボイラーにおける蒸気の発生と水循環 参照

　　水循環が良すぎると、熱が水に十分に伝わるので、伝熱面温度は水温に近い温度に保たれる。

問4　正解 [4] ⇒ 39P ⑦ 🔥 管類 2．伝熱管 参照

　　伝熱管は、水や蒸気に熱を伝える管を指し、煙管、水管、エコノマイザ管、過熱管などをいう。主蒸気管はボイラーで発生した蒸気を使用先に送るためのものであり、内・外部共に燃焼ガスに接触しないため伝熱管に分類されないので、誤り。

問5　正解 [2] ⇒ 32P ⑥ 5．暖房用蒸気ボイラー 参照

　　暖房用蒸気ボイラーでは、給水管は返り管に取り付ける。ボイラー本体に直接取り付けると、内部のボイラー水と給水の大きな温度差によって不同膨張を起こし、割れが発生しやすくなるため、誤り。

問6　正解 [2] ⇒ 43P ⑧ 3．流量計 参照

　　差圧式流量計は、流体が流れている管の中に絞りを挿入すると、入口と出口との間に流量の二乗に比例する圧力差が生じることを利用している。

問7　正解 [2] ⇒ 62P ⑮ 1．自動制御の基礎 参照

　　A：ボイラーの状態量として設定範囲内に収めることが目標となっている量を制御量といい、そのために調節する量を操作量という。

　　C：比例動作による制御は、偏差の大きさに比例して操作量を増減する動作である。オフセットが現れた場合にオフセットがなくなるように動作する制御は積分動作による制御であるため、誤り。

問8　正解 [5] ⇒ 53P ⑪ 3．給水内管 参照

　　給水内管は、一般に長い鋼管に多数の穴を設けたもので、胴又は蒸気ドラム内の安全低水面よりやや下方に取り付ける。

問9　正解 [3] ⇒ 60P ⑭ 1．エコノマイザ 参照

　　「燃焼ガスにより加熱されたエレメントが移動し、…」のエレメント（伝熱要素）は空気予熱器の説明であるため、誤り。エコノマイザは、煙道ガスの余熱を回収してボイラー給水の予熱に利用する装置である。

問10　正解 [3] ⇒ 57・58P ⑬ 2．逃がし管／3．逃がし弁 参照

　　B：問題文は減圧弁の説明であるため、誤り。暖房用蒸気ボイラーの逃がし弁は、水の膨張によって圧力が上昇すると、弁体を押し上げ外部に高圧温水を逃がすために用いられる。

　　C：温水ボイラーの逃がし管は、ボイラーに直接取り付ける。

問11　正解［4］⇒110P 12 2．2つの密閉方式 参照
　　メカニカルシール式の軸については、運転中、水漏れがないことを確認する。運転中、少量の水が連続して滴下していることを確認するのはグランドパッキンシール式である。

問12　正解［3］⇒91P 3 3．伝熱面のすす掃除 参照
　　スートブローは、安定した燃焼状態を保持するため、最大負荷よりやや低いところで行う。最大負荷が低いところでスートブローを行ってしまうと火を消してしまう恐れがある。

問13　正解［4］⇒125P 17 1．清缶剤の分類 参照
　　脱酸素剤として使用される薬剤は、タンニン、亜硫酸ナトリウム、ヒドラジンなどがある。問題文中のリン酸ナトリウム、炭酸ナトリウムは軟化剤として使用される薬剤である。

問14　正解［5］⇒108P 11 1．取扱い上の注意 参照
　　Ａ：炉筒煙管ボイラーの吹出しは、運転する前、運転を停止したとき又は負荷が低いときに行う。
　　Ｂ：水冷壁の吹出しは、運転中はいかなる場合でも行ってはならない。

問15　正解［1］⇒95P 5 1．キャリオーバ 参照
　　Ｃ：ボイラー水が過熱器に入り、蒸気温度や過熱度が低下したり、過熱器を汚し、破損することがある。
　　Ｄ：水位制御装置が、ボイラー水位が上がったものと認識し、ボイラー水位を下げ、低水位事故を起こすおそれがある。

問16　正解［3］⇒94P 4 1．ボイラー水位の異常 参照
　　ボイラー水位が安全低水面以下にあると気付いたとき、主蒸気弁を閉じて、蒸気の供給を止める。これは、蒸気の消費によるボイラー水位の更なる低下を防ぐためである。

問17　正解［1］⇒115P 14 1．ボイラーの清掃 参照
　　すすは、外面（燃焼室、伝熱面）に付着し、伝熱効果が低下する原因であるため、誤り。

問18　正解［2］⇒123P 16 2．単純軟化法 参照
　　軟化装置は、水中のカルシウムイオン及びマグネシウムイオンを取り除くことができる。

問19　正解［1］⇒106P 10 3．安全弁の調整方法 参照
　　Ｂ：安全弁が2個以上設けられている場合は、1個を最高使用圧力以下で先に作動するように調整し、他の安全弁を最高使用圧力の3％増以下で作動するように調整する。
　　Ｃ：エコノマイザの逃がし弁（安全弁）は、ボイラー本体の安全弁より高い圧力に調整する。
　　Ｄ：安全弁の手動試験は、常用圧力の75％以上の圧力で行う。

問20　正解［5］⇒84P 1 🔥 点火前の点検・準備 参照
　　炉及び煙道内の換気は、煙道の各ダンパを全開にしてファンを運転する。

問21　正解［3］⇒129P 1 3．引火点 参照
　　「液体燃料を加熱すると蒸気が発生し、これに小火炎を近づけると瞬間的に光を放って燃え始める。この光を放って燃える最低の温度を引火点という。」

問22　正解［3］⇒151P □11 2．蒸気噴霧式バーナ 参照
　　高圧蒸気噴霧式バーナは、比較的高圧の蒸気を霧化媒体として油を微粒化するもの
で、ターンダウン比が広い。

問23　正解［4］⇒141P □6 4．熱損失 参照
　　排ガス熱による熱損失を少なくするためには、空気比を小さくして完全燃焼させる。
空気比を小さくすることで、過剰な空気の吸入を防ぎ、排ガス量を最小にとどめるこ
とができる。

問24　正解［4］⇒131P □2 2．重油の性質 参照
　　A：重油の密度は、温度が上昇すると減少する。

問25　正解［3］⇒143P □7 1．石炭燃焼と比較した重油燃焼の特徴 参照
　　石炭燃焼と比較した重油燃焼の特徴として、燃焼温度が高いため、ボイラーの局部
過熱及び炉壁の損傷を起こしやすい。

問26　正解［1］⇒128P □1 1．燃料の分析 参照
　　燃料の分析及び性質について、組成を示す場合、通常、液体燃料には元素分析が、
気体燃料には成分分析が用いられる。

問27　正解［5］⇒146P □9 1．低温腐食の抑制措置 参照
　　A：燃焼ガス中の酸素濃度を下げる。
　　B：給水温度を上昇させて、エコノマイザの伝熱面を高く保たないと、エコノマイ
　　　ザの伝熱面で排ガス中の水蒸気が凝縮し、その水分中に排ガス中の硫黄等が溶け
　　　込むことで低温腐食が発生してしまうため、誤り。
　　D：重油に添加剤を加え、燃焼ガスの露点を下げる。

問28　正解［4］⇒156P □14 1．ガスバーナの種類 参照
　　リングタイプガスバーナは、リング状の管の内側に多数のガス噴射孔があり、空気
流の外側からガスを内側に向かって噴射するものである。空気流中に数本のガスノズ
ルを有し、ガスノズルを分割することによりガスと空気の混合を促進するのは、マル
チスパッドバーナである。

問29　正解［5］⇒167P □19 1．一次空気と二次空気の役割 参照
　　火格子燃焼における一次空気と二次空気の割合は、一次空気が大部分を占める。

問30　正解［2］⇒169P □20 3．平衡通風 参照
　　誘引通風は、必要とする動力が平衡通風より大きい。

問31　正解［3］⇒176P □2 3．落成検査 参照
　　「ボイラーを設置した者は、所轄労働基準監督署長が検査の必要がないと認めたもの
を除き、①ボイラー、②ボイラー室、③ボイラー及びその配管の配置状況、④ボイラ
ーの据付基礎並びに燃焼室及び煙道の構造について、落成検査を受けなければならな
い。」

問32　正解［3］⇒199P □12 1．温水温度自動制御装置 参照
　　「鋳鉄製温水ボイラー（小型ボイラーを除く。）で圧力が0.3MPaを超えるものには、
温水温度が120℃を超えないように温水温度自動制御装置を設けなければならない。」

問33　正解［2］⇒182P □4 3．ボイラーの据付位置 参照
　　ボイラーの最上部から天井、配管その他のボイラーの上部にある構造物までの距離
は、原則として、1.2m以上としなければならない。

問34　正解［4］⇒174P □1 1．伝熱面積 参照
　　A：水管ボイラーの耐火れんがでおおわれた水管の面積は、管の外側の壁面に対す
　　　る投影面積で算入する。

問 35　正解［5］⇒ 174P ① 1. 伝熱面積 参照
　　　　　　　　184P ⑤ 2. 選任できるボイラーの区分
　1．鋳鉄製温水ボイラーは、問題文の伝熱面積 15m^2 となる。
　2．炉筒煙管ボイラーは、問題文の伝熱面積 20m^2 となる。
　3．電気ボイラーは、電力設備容量 20kW を 1 m^2 とみなすため、「450kw ÷ 20kw
　　＝ 22.5m^2」となる。
　4．貫流ボイラーは、その伝熱面積に 1/10 を乗じて得た値をその貫流ボイラーの伝熱
　　面積とするため「240m^2 × $\frac{1}{10}$ ＝ 24m^2」となる。
　5．廃熱ボイラーは、その伝熱面積に 1/2 を乗じて得た値をその廃熱ボイラーの伝熱
　　面積とするため、「50m^2 × $\frac{1}{2}$ ＝ 25m^2」となる。
以上により、伝熱面積が最も大きいものは「5. 廃熱ボイラー 25m^2」となる。

問 36　正解［4］⇒ 195P ⑩ 2. 温度計 参照
　「温水ボイラーには、ボイラーの出口付近における温水の温度を表示する温度計を取
り付けなければならない。」

問 37　正解［3］⇒ 180P ③ 1. 変更届 参照
　ボイラー変更届を所轄労働基準監督署長に提出する必要のないもの主なものは、水
管、煙管、空気予熱器、水処理装置、給水装置、安全弁などである。

問 38　正解［4］⇒ 193P ⑨ 2. 過熱器の安全弁 参照
　貫流ボイラーに備える安全弁については、ボイラー本体の安全弁より先に吹き出す
ように調整するため、当該ボイラーの最大蒸発量以上の吹出し量のものを、過熱器の
出口付近に取り付けることができる。

問 39　正解［5］⇒ 183P ④ 5. ボイラー室の管理等 参照
　「ボイラー検査証並びにボイラー取扱作業主任者の資格及び氏名をボイラー室そ
の他のボイラー設置場所の見やすい箇所に掲示しなければならない。」

問 40　正解［3］⇒ 188P ⑦ 1. 附属品の管理事項 参照
　　B：蒸気ボイラーの水高計の目もりには、最高使用圧力を示す位置に、見やすい表
　　　示をすること。
　　C：燃焼ガスに触れる給水管、吹出管及び水面測定装置の連絡管は、耐熱材料で防
　　　護すること。

索引

索引

273

索引

276

◆本書の正誤等について◆

　本書の発刊にあたり、記載内容には十分注意を払っておりますが、誤り等が発覚した際は、弊社ホームページに訂正情報を掲載しています。お手数ですが、ご不明な場合は一度ご確認をお願い致します。

`https://www.kouronpub.com/book_correction.html`

◆本書籍の内容に関するお問い合わせ◆

　書籍の内容につきましては、必要事項を明記の上、下記までお問い合わせ下さい。

| メール または FAX | MAIL：inquiry@kouronpub.com
FAX：03-3837-5740
記入必須事項
・お客様の氏名とフリガナ
・書籍名
・FAX番号（※FAXの場合のみ）
・該当ページ数
・問合せ内容 | 問合せフォーム QR
または→ |

※お電話によるお問合せは、受け付けておりません。
※回答までにお時間がかかる場合がございます。ご了承ください。
※必要事項に記載漏れがある場合、問合せにお答えできない場合がございます。ご注意ください。
※キャリアメールをご使用の場合、下記メールアドレスの受信設定を行なってからご連絡ください。
※お問い合わせは、書籍の内容に限ります。試験の詳細、実施時期等ついてはお答えできかねます。

これ1冊で合格！2級ボイラー技士
令和6年版　図解テキスト＆過去問4回

■発行所　株式会社 公論出版
　　　　　〒110-0005
　　　　　東京都台東区上野3－1－8
　　　　　TEL 03-3837-5731　FAX 03-3837-5740

■定　価　2,200円　送料　300円（共に税込）

■発行日　令和5年12月15日　初版

ISBN978-4-86275-263-5